SCHRIFTEN DES RHEINISCH - WESTFÄLISCHEN INSTITUTES FÜR INSTRUMENTELLE MATHEMATIK AN DER UNIVERSITÄT BONN

Herausgeber: E. PESCHL, H. UNGER

Serie A, Nr. 19

Klemens Lohmann

Über das lokale Verhalten von Lösungen linearer elliptischer partieller Differentialgleichungssysteme in der Nähe isolierter Singularitäten

1967

FORSCHUNGSBERICHTE DES LANDES NORDRHEIN-WESTFALEN

Nr. 1898

Herausgegeben im Auftrage des Ministerpräsidenten Heinz Kühn
von Staatssekretär Professor Dr. h. c. Dr. E. h. Leo Brandt

DK 517.946.82

Dr. rer. nat. Klemens Lohmann

Rheinisch-Westfälisches Institut für Instrumentelle Mathematik Bonn (IIM)

Über das lokale Verhalten von Lösungen linearer elliptischer partieller Differentialgleichungs-systeme in der Nähe isolierter Singularitäten

(Nr. 19 der Schriften des IIM · Serie A)

Springer Fachmedien Wiesbaden GmbH 1967

Diese Veröffentlichung ist zugleich Nr. 19 der »Schriften des Rheinisch-Westfälischen Institutes für Instrumentelle Mathematik an der Universität Bonn (Serie A)«

Verlags-Nr. 011898

Ursprunglich erschlenen bel Westdeutscher Verlag, Koln und Opladen

ISBN 978-3-322-97935-3 ISBN 978-3-322-98497-5 (eBook)
DOI 10.1007/978-3-322-98497-5

Inhalt

Einleitung

In dieser Arbeit soll das lokale Verhalten von Lösungen elliptischer, partieller Differentialgleichungssysteme untersucht werden. Diese Aufgabe ist einerseits für die Theorie der partiellen Differentialgleichungen interessant, zum anderen aber auch vom funktionentheoretischen Standpunkt aus, denn sie kann eventuell Aufschluß darüber geben, welche Sätze in der Funktionentheorie rein funktionentheoretischer Natur sind, und welche sich auf Lösungen gewisser Klassen von partiellen Differentialgleichungssystemen, die eine ähnliche Struktur besitzen wie das Cauchy-Riemannsche System, übertragen lassen.

Einen weiten Raum nimmt in der Funktionentheorie das Studium des lokalen Verhaltens von holomorphen Funktionen in der Umgebung isolierter Singularitäten ein. Als wichtigstes Resultat ergibt sich, daß eine in einer punktierten Kreisscheibe holomorphe Funktion dort in eine Laurent-Reihe entwickelt werden kann. Um ähnliche Reihenentwicklungen für Lösungen elliptischer Differentialgleichungssysteme zu erhalten, werden die von WACHMAN gewonnenen Ergebnisse (s. Literaturverzeichnis) auf homogene, elliptische Systeme mit konstanten Koeffizienten übertragen. Dazu ist zunächst eine Verallgemeinerung der von WACHMAN benutzten Resultate aus einer Arbeit von JOHN über die Existenz von Fundamentallösungen und die Gestalt von solchen auf elliptische Systeme erforderlich, die im ersten Teil der Arbeit gebracht wird. Die Beweise dazu gehen im wesentlichen auf die zitierten Arbeiten von JOHN und WACHMAN zurück. Sie werden hier auf Systeme übertragen und im einzelnen auch näher ausgeführt.

Die Fundamentalsysteme bilden die wichtigste Klasse von Lösungen mit isolierten Singularitäten; mit ihrer Hilfe läßt sich einerseits jede Lösung des adjungierten Systems durch ein Randintegral über die Lösung und deren Ableitungen bis zur Ordnung $m-1$ (wenn m die Ordnung des Systems ist) darstellen, zum anderen lassen sich alle Lösungen mit isolierten Singularitäten nach den Ableitungen eines Fundamentalsystems entwickeln.

Im Anschluß an die Reihenentwicklungen wird dann die übliche Klassifikation der Singularitäten von Lösungen elliptischer Differentialgleichungen vorgenommen, und es wird gezeigt, daß der »Hauptteil« der Reihenentwicklung für eine Lösung mit polartigem Verhalten nach endlich vielen Gliedern abbricht, so daß die Klassifikation der Singularitäten genau wie in der Funktionentheorie auch an Hand des Verhaltens der Reihenentwicklung vorgenommen werden kann. Als Analogon zum Riemannschen Hebbarkeitssatz der Funktionentheorie wird dann gezeigt, daß Polstellen der Ordnung $\leqq n-2$ (wenn n die Dimension des zugrunde liegenden Raumes ist) bei homogenen Systemen mit konstanten Koeffizienten hebbar sind. Im Fall $n = 2$ ergibt sich als Spezialfall der Riemannsche Hebbarkeitssatz. In Analogie zur Funktionentheorie kann außerdem gezeigt werden, daß Lösungen homogener Systeme in Polstellen chordal stetig sind und weiter, daß sie in jeder Umgebung einer wesentlichen Singularität dem Wert ∞ beliebig nahekommen. Eine Übertragung der vollen Aussage des Satzes von CASORATI–WEIERSTRASS scheitert jedoch daran, daß die Moduleigenschaft der meromorphen Funktionen allgemein für Lösungen der betrachteten Systeme nicht mehr zur Verfügung steht.

In einem weiteren Abschnitt werden dann komplexe Lösungen komplexer Operatoren behandelt. Dazu wird eine elliptische Differentialgleichung mit komplexen Koeffizienten äquivalent in ein elliptisches, reelles System übergeführt, auf das die gewonnenen Ergebnisse angewendet werden können. Auf Grund der Schiefsymmetrie des reellen Systems existiert auch ein Fundamentalsystem mit der gleichen Symmetrieeigenschaft, was schließlich dazu führt, daß die für reelle Lösungen gültigen Reihenentwicklungen ins Komplexe übertragen werden können.

Im letzten Kapitel werden noch einige globale Eigenschaften von Lösungen homogener Systeme behandelt. Es wird ein Analogon zum Satz von LIOUVILLE aus der Funktionentheorie bewiesen, welches diesen als Spezialfall enthält. Schließlich wird noch eine Abschätzung für die Ableitung von Lösungen homogener Systeme gebracht, die nur von der Schranke der Ableitungen bis zur Ordnung $m - 1$ abhängt und unabhängig von der speziellen Lösung gültig ist.

Herrn Professor Dr. E. PESCHL, durch dessen Anregung und Förderung dieser Bericht entstanden ist, schuldet der Verfasser aufrichtigen Dank.

1. Bezeichnungen

Im folgenden seien

$$x, y, z, \ldots, \xi, \eta, \zeta, \ldots$$

stets Elemente aus $\mathbf{R}^n$ mit Komponenten

$$(x_1, \ldots, x_n), \ldots, (\xi_1, \ldots, \xi_n).$$

Unter einem »Multiindex« i (k, j, l) verstehen wir einen Vektor $i = (i_1, \ldots, i_n)$ mit nichtnegativen, ganzzahligen Komponenten i_μ und der Norm

$$|i| := i_1 + \cdots + i_n.$$

Weiter sei

$$i! := i_1! \ldots i_n!, \binom{i}{j} := \binom{i_1}{j_1} \cdots \binom{i_n}{j_n}, \quad (i, j) = \sum_{\mu=1}^{n} i_\mu j_\mu$$

und $d(i)$ sei die Anzahl der nicht verschwindenden Komponenten von i.

Als »Potenz« eines Vektors x mit einem Multiindex i definieren wir

$$x^i := x_1^{i_1} \ldots x_n^{i_n}$$

Mit $D_\mu := \dfrac{\partial}{\partial x_\mu}$ ist dann auch

$$D^i := D_1^{i_1} \circ \cdots \circ D_n^{i_n}$$

erklärt. (Das Zeichen »$\circ$« bedeutet die Hintereinanderschaltung der Differentiationen D_μ).

Mit G bezeichnen wir stets ein Gebiet des $\mathbf{R}^n$ und mit ∂G seinen Rand. Mit dx wird das Volumenelement in G und mit do_x das Oberflächenelement auf ∂G bezeichnet.

Mit L bezeichnen wir immer einen in G definierten Differentialoperator.

$C_m^N(G)$ bezeichne die Menge der m-mal stetig differenzierbaren Abbildungen von G in den $\mathbf{R}^N$ und $C_m^N(\overline{G})$ die Teilmenge der Elemente aus $C_m^N(G)$ mit stetigen, partiellen

Ableitungen m-ter Ordnung in $\overline{G}$. $C_{\omega}^{N}(G)$ bzw. $C_{\omega}^{N}(\overline{G})$ bezeichne die entsprechenden Mengen von (reell-)analytischen Funktionen. Dabei heißt eine Abbildung

$$\begin{pmatrix} u_1 \\ \vdots \\ u_N \end{pmatrix} : G \to \mathbf{R}^N$$

analytisch in G, wenn die Komponentenfunktionen $u_\mu(x)$, $\mu = 1, \ldots, N$ in jedem Punkt von G in Mehrfachpotenzreihen entwickelbar sind.
Wir betrachten im folgenden stets Normalgebiete $G \subset \mathbf{R}^n$, das heißt Gebiete, die beschränkt sind und die Anwendung des Gaußschen Integralsatzes gestatten:
Auf dem Rande ∂G mit Ausnahme einer Menge vom Maße 0 existiere ein Normalenfeld $\nu(x) = (\nu^1(x), \ldots, \nu^n(x))$, so daß für jede Funktion $u \in C_1^1(\overline{G})$ gilt:

$$\int_G \frac{\partial u(x)}{\partial x_\mu}\, dx = \int_{\partial G} u(x)\, \nu^\mu(x)\, do_x, \quad \mu = 1, \ldots, n \tag{0}$$

Falls die Normale nicht überall existiert, ist das Integral rechts in (0) als uneigentliches zu interpretieren, wie überhaupt alle auftretenden Integrale, falls erforderlich, als uneigentliche Integrale aufzufassen sind.
Wenn keine Mißverständnisse auftreten können, werden die Argumente bei den vorkommenden Funktionen häufig weggelassen.
Über doppelt auftretende griechische Indizes in einem Term oder Produkt ist stets von 1 bis N zu summieren. Alle anderen Summationen sind durch Summenzeichen kenntlich gemacht.
Mit Ω bezeichnen wir die (N,N)-Nullmatrix, mit E die Einheitsmatrix.

2. Elliptische Operatoren

2.1 Definitionen

Def. 1: Gegeben sei der lineare Differentialoperator

$$L = \sum_{|i| \leq m} a_i(x)\, D^i = \sum_{\mu=0}^{m} \sum_{|i| = \mu} a_i(x)\, D^i \tag{1}$$

mit in G definierten Koeffizienten $a_i(x)$.
(i) L heißt von m-ter Ordnung in G, wenn wenigstens ein $a_i(x)$ mit $|i| = m$ nicht identisch verschwindet.
(ii) L heißt analytisch in G, wenn die Koeffizienten analytisch sind in G.
(iii) L heißt elliptisch in G, wenn die »charakteristische Form« von L

$$Q(x, \xi) := \sum_{|i| = m} a_i(x)\, \xi^i \tag{2}$$

definit ist in G, das heißt, wenn für $\lambda = 0$ oder $\lambda = 1$ gilt:

$$(-1)^\lambda\, Q(x, \xi) > 0$$

für alle $x \in G$ und alle $\xi \in \mathbf{R}^n - (0)$.

Sind die Koeffizienten von L stetig, so genügt es in (iii) $Q(x, \xi) \neq 0$ zu fordern.
Aus der Definition folgt unmittelbar

Korollar 2: Die Ordnung m eines elliptischen Operators ist gerade.
Ist nämlich m ungerade und für $\xi_0 \in \mathbf{R}^n - (0)$ $Q(x, \xi_0) > 0$, so folgt

$$Q(x, -\xi_0) = (-1)^m Q(x, \xi_0) < 0$$

und somit ist $Q(x, \xi)$ nicht definit.

Def. 3: Der Differentialoperator L^* heißt (formal) adjungiert zu L, wenn für alle $u, v \in C^1_m(\overline{G})$ der Ausdruck

$$vLu - uL^*v$$

zu einem »Divergenzausdruck« wird, das heißt, wenn es Funktionen $f_\mu(x) \in C^1_1(\overline{G})$, $\mu = 1, \ldots, n$, gibt, so daß gilt:

$$vLu - uL^*v = \sum_{\mu=1}^{n} \frac{\partial f_\mu}{\partial x_\mu} \tag{3}$$

L heißt selbstadjungiert, wenn $L = L^*$ ist.

Aus (3) folgt unmittelbar, daß L zu L^* adjungiert ist und daß $L^{**} = L$ ist.

2.2 Die verallgemeinerte Greensche Formel

Die Anwendung des Gaußschen Integralsatzes (0) auf (3) ergibt die allgemeine Greensche Identität

$$\int_G (vLu - uL^*v)\, dx = \sum_{\mu=1}^{n} \int_{\partial G} f_\mu(x)\, \nu^\mu(x)\, do_x \tag{4}$$

wobei $\nu(x)$ die äußere Normale auf ∂G bezeichnet.
Die Funktionen $f_\mu(x)$ in (3) und (4) sind nur bis auf eine »Divergenz« bestimmt, genauer: Mit $f_\mu(x)$ erfüllen auch alle Funktionen

$$f^*_\mu(x) = f_\mu(x) + g_\mu(x)$$

wobei $\sum_{\mu=1}^{n} \frac{\partial g_\mu}{\partial x_\mu} = 0$ ist, die Beziehung (4).
Sind die Koeffizienten $a_i(x) \in C^1_m(\overline{G})$, so kann man den adjungierten Operator L^* und zugehörige Funktionen mit der Eigenschaft (3) erhalten, indem man durch partielle Integration in den Summanden $v(x)\, a_i(x)\, D^i u(x)$ von vLu sukzessive die Ableitungen nach $x_1, \ldots, x_n$ von u entfernt. Nach der Kettenregel gilt zunächst:

$$va_i D^i u = D_1(va_i D^{i-e_1} u) - D_1(va_i)\, D^{i-e_1} u$$

mit $e_1 := (1, 0, \ldots, 0)$. Der zweite Summand wird wieder auf die gleiche Weise zerlegt, und man erhält schließlich:

$$va_i D^i u = D_1 \sum_{\lambda=0}^{i_1-1} (-1)^\lambda D_1^\lambda(va_i)\, D^{i-(\lambda+1)e_1} u + (-1)^{i_1} D_1^{i_1}(va_i)\, D^{i-i_1 e_1} u \tag{5}$$

Mit dem zweiten Summanden von (5) verfährt man analog, um die Differentiationen nach x_2 von u zu entfernen usw. Schließlich erhält man:

$$va_i D^i u = \sum_{\mu=1}^{n} D_\mu f^i_\mu + (-1)^{|i|} D^i(va_i)\, u \tag{6}$$

mit $$f_\mu^i := \sum_{\lambda=0}^{i_\mu - 1} (-1)^\lambda D_\mu^\lambda (v a_i) D^{i-(\lambda+1)e_\mu} u$$

und für den gesamten Ausdruck vLu ergibt sich:

$$vLu = \sum_{\mu=1}^{n} D_\mu f_\mu + \sum_{|i| \leq m} (-1)^{|i|} D^i(v a_i) u \tag{7}$$

mit $f_\mu = \sum_{|i| \leq m} f_\mu^i$.

Somit ist der zu L adjungierte Operator durch

$$L^* v = \sum_{|i| \leq m} (-1)^{|i|} D^i(v a_i) \tag{8}$$

gegeben.

Zur Abkürzung setzen wir für $x \in \partial G$

$$M(u, v) := \sum_{\mu=1}^{n} f_\mu(x) \, v^\mu(x) \tag{9}$$

mit den Funktionen $f_\mu(x)$ aus (7). $M(u, v)$ ist dann ein bilinearer Differentialausdruck in u und v und deren Ableitungen bis zur Ordnung $m - 1$ mit Koeffizienten, die linear sind in den Komponenten der äußeren Normalen auf ∂G. Diese Bilinearform ist nicht eindeutig bestimmt, da die $f_\mu(x)$ nur bis auf eine Divergenz bestimmt sind. Im folgenden betrachten wir jedoch stets eine solche als fest gewählt. Sie hat allgemein die Gestalt:

$$M(u, v) = \sum_{|i| + |j| \leq m-1} b_{ij}(x) \, D^i u \, D^j v \tag{10}$$

Die Greensche Identität erhält damit die Form, die im folgenden immer benutzt wird:

$$\int_G (vLu - uL^*v) \, dx = \int_{\partial G} M(u, v) \, do_x \tag{11}$$

2.3 Beispiele

(i) Sei $L = \Delta$ der Laplace-Operator. Dann ist $\Delta = \Delta^*$ und

$$M(u, v) = \sum_{\mu=1}^{n} \left(v \frac{\partial u}{\partial x_\mu} v^\mu - u \frac{\partial v}{\partial x_\mu} v^\mu \right) = v \frac{\partial u}{\partial v} - u \frac{\partial v}{\partial v} \tag{12}$$

$\left(\frac{\partial}{\partial v} := \text{Ableitung in Richtung der äußeren Normalen } v \right)$.

(ii) Seien $a_{\lambda\mu}$, a_λ, a Funktionen aus $C_2^1(\bar{G})$ und sei

$$L = \sum_{\lambda, \mu = 1}^{n} a_{\lambda\mu} \frac{\partial^2}{\partial x_\lambda \, \partial x_\mu} + \sum_{\lambda=1}^{n} a_\lambda \frac{\partial}{\partial x_\lambda} + a$$

Dann ist der adjungierte Ausdruck durch

$$L^* v = \sum_{\lambda, \mu = 1}^{n} \frac{\partial^2 (a_{\lambda\mu} v)}{\partial x_\lambda \, \partial x_\mu} - \sum_{\lambda=1}^{n} \frac{\partial (a_\lambda v)}{\partial x_\lambda} + av$$

gegeben und ein zugehöriger bilinearer Operator M durch

$$M(u, v) = \sum_{\mu=1}^{n} v^\mu(x) \left(\left(a_\mu - \sum_{\lambda=1}^{n} \frac{\partial a_{\mu\lambda}}{\partial x_\lambda} \right) uv + \sum_{\lambda=1}^{n} a_{\mu\lambda} \left(v \frac{\partial u}{\partial x_\lambda} - u \frac{\partial v}{\partial x_\lambda} \right) \right) \tag{13}$$

2.4 Fundamentallösungen

Def. 4: Sei $z \in G$. (i) Eine Lösung $K(x, z)$ von $L_x K(x, z) = 0$ in $G - \{z\}$ heißt Fundamentallösung von L bezüglich z, wenn für jedes $v \in C_m^1(\bar{G})$ gilt:

$$v(z) = \int_G K(x, z)\, L_x^* v(x)\, dx + \int_{\partial G} M(K(x, z), v(x))\, do_x \tag{14}$$

genauer: wenn die in (14) auftretenden Integrale existieren und die Identität (14) gilt.

(ii) Eine für alle $(x, z) \in G \times G$ mit $x \neq z$ definierte Funktion $K(x, z)$ heißt Fundamentallösung von L in G, wenn für jedes feste $z \in G$ $K(x, z)$ eine Fundamentallösung von L bezüglich z ist.

(14) ergibt sich formal aus (11) mit $u(x) = K(x, z)$, wenn man dort $\int_G v(x)\, L_x K(x, z)\, dx$ durch $v(z)$ ersetzt. Daher findet man in der Literatur häufig die »symbolische Definition«, nach der $K(x, z)$ eine Funktion ist, die der Differentialgleichung $L_x K(x, z) = \delta(x - z)$ genügt, wobei $\delta(x - z)$ die Diracsche δ-Funktion ist.

Aus (14) folgt, daß sich jede Lösung v der adjungierten Gleichung $L^* v = 0$ mit Hilfe einer Fundamentallösung von L durch ihre Randwerte und die ihrer Ableitungen bis zur Ordnung $m - 1$ darstellen läßt:

$$v(z) = \int_{\partial G} M(K(x, z), v(x))\, do_x \tag{15}$$

Eine Fundamentallösung ist nur bis auf eine in ganz G reguläre Lösung bestimmt. Es gilt

Satz 5: Sei $K(x, z)$ Fundamentallösung von L in G und $u(x)$ eine Lösung von $Lu = 0$ in G. Dann ist auch

$$\tilde{K}(x, z) := K(x, z) + u(x)$$

eine Fundamentallösung von L in G.

Beweis: Aus $M(\tilde{K}, v) = M(K, v) + M(u, v)$ und der Greenschen Formel

$$\int_G u L^* v\, dx + \int_{\partial G} M(u, v)\, do_x = \int_G v L u\, dx = 0$$

folgt unmittelbar:

$$\int_G \tilde{K} L^* v\, dx + \int_{\partial G} M(\tilde{K}, v)\, do_x = \int_G K L^* v\, dx + \int_{\partial G} M(K, v)\, do_x = v(z)$$

und damit ist $\tilde{K}(x, z)$ nach (14) Fundamentallösung von L.

2.5 Beispiele

(i) Für $L = \Delta$ ist

$$K(x, z) = \begin{cases} \dfrac{1}{2\pi} \log |x - z| & \text{falls } n = 2 \\[2ex] \dfrac{1}{(n-2)\,\omega_n} |x - z|^{2-n} & \text{falls } n \geqq 3 \end{cases} \tag{16}$$

(ω_n = Oberfläche der Einheitskugel im $\mathbf{R}^n$)
eine Fundamentallösung. Sie ergibt sich, wenn man die nur vom Abstand $|x - z|$ abhängenden Lösungen von $\Delta u = 0$ aufsucht; diese genügen einer leicht zu integrierenden gewöhnlichen Differentialgleichung.

Zum Nachweis der Identität (14) vgl. etwa Hellwig, p. 35f.

(ii) Sei $L = \Delta + c^2$, c reell und $\neq 0$. Dann ist mit $r := |x - z|$

$$K(x, z) = \begin{cases} r^{-\frac{n-2}{2}} J_{-\frac{n-2}{2}}(c\,r) & \text{falls } n \text{ ungerade} \\ r^{-\frac{n-2}{2}} N_{-\frac{n-2}{2}}(c\,r) & \text{falls } n \text{ gerade} \end{cases} \tag{17}$$

wobei J_μ bzw. N_μ die μ-te Besselsche bzw. Neumannsche Funktion ist, eine Fundamentallösung (vgl. Courant–Hilbert, Bd. 2, p. 244 und Garabedian, p. 146).

(iii) Für den iterierten Laplace-Operator Δ^s ist

$$K(x, z) = \begin{cases} c_1 r^{2s-n} & \text{falls } n \text{ ungerade oder } n > 2s \\ c_2 r^{2s-n} \log r & \text{falls } n \text{ gerade und } n \leqq 2s \end{cases} \tag{18}$$

mit geeigneten Konstanten c_1 und c_2 eine Fundamentallösung (vgl. John, p. 292, und Garabedian, p. 266).

3. Elliptische Systeme

3.1 Definitionen

Sei $L = (L_{\alpha\beta})$, $\alpha, \beta = 1, \ldots, N$, eine quadratische Matrix von linearen Differentialoperatoren der Ordnung $\leqq m$. Die $L_{\alpha\beta}$ sind also von der Gestalt

$$L_{\alpha\beta} = \sum_{|i| \leq m} a_i^{\alpha\beta}(x)\, D^i$$

Def. 6: (i) Das System L heißt von der Ordnung m, wenn wenigstens ein Operator $L_{\alpha\beta}$ von der Ordnung m ist in G.

(ii) Sei L von der Ordnung m und sei

$$Q^m_{\alpha\beta}(x, \xi) := \sum_{|i| = m} a_i^{\alpha\beta}(x)\, \xi^i$$

die charakteristische Form der Ordnung m von $L_{\alpha\beta}$ (falls ein $L_{\alpha\beta}$ von einer Ordnung $< m$ ist, so ist $Q^m_{\alpha\beta} \equiv 0$ zu setzen). Die Matrix

$$Q(x, \xi) := (Q^m_{\alpha\beta}(x, \xi)) \quad \alpha, \beta = 1, \ldots, N \tag{19}$$

heißt charakteristische Form von L.

(iii) L heißt elliptisch in G, wenn die Determinante der charakteristischen Form definit ist in G, das heißt, wenn für $\lambda = 0$ oder $\lambda = 1$ gilt:

$$(-1)^\lambda \det Q(x, \xi) > 0 \tag{20}$$

für alle $x \in G$ und alle $\xi \in \mathbf{R}^n - (0)$.

Sind die Koeffizienten $a_i^{\alpha\beta}(x)$ stetig, so genügt es, in (iii) $\det Q(x, \xi) \neq 0$ zu fordern. In Analogie zu Korollar 2 gilt

Korollar 6a: Ist das System L elliptisch, so muß das Produkt aus Ordnung und Zeilenzahl gerade sein.

Als das zu L adjungierte System definieren wir die Transponierte zur Matrix der adjungierten Operatoren $L^* = (L^*_{\alpha\beta})$.
Die Funktionen $u, v \in C^N_m(G)$ fassen wir auf als Spaltenvektoren von N Funktionen u_μ, v_μ. Bei Anwendung von L auf eine Vektorfunktion u ist formal das Matrizenprodukt $Lu = (L_{\alpha\beta}u_\beta)$, $\alpha = 1, \ldots, N$, zu bilden, und die entstehenden Terme $L_{\alpha\beta}u_\beta$ sind im Sinne des Operatorkalküls zu interpretieren.
Ein Strich (') an einer Matrix bzw. einem Spaltenvektor bedeutet im folgenden den Übergang zur transponierten Matrix bzw. zum Zeilenvektor.

3.2 Die Greensche Identität für Systeme

Sei L ein System von Operatoren $L_{\alpha\beta}$ mit Koeffizienten $a_i^{\alpha\beta} \in C^1_m(\bar{G})$, und $L^*_{\alpha\beta}$ seien die durch (8) definierten Operatoren. u, v seien Funktionen aus $C^N_m(\bar{G})$. Um für Systeme ein Analogon zur Greenschen Identität zu erhalten, werden wie in Kap. 2.1 die Summanden $v_\alpha a_i^{\alpha\beta} D^i u_\beta$ von $v'Lu$ wieder partiell integriert, um die Differentiationen von u zu entfernen. Ein Ausdruck $v_\alpha a_i^{\alpha\beta} D^i u_\beta$ geht dabei über in

$$v_\alpha a_i^{\alpha\beta} D^i u_\beta = u_\beta (-1)^{|i|} D^i (a_i^{\alpha\beta} v_\alpha) + \sum_{\alpha,\beta=1}^{N} \sum_{\mu=1}^{n} \frac{\partial f_{\mu i}^{\alpha\beta}}{\partial x_\mu}$$

so daß also die Differenz

$$v_\alpha L_{\alpha\beta} u_\beta - u_\beta L^*_{\alpha\beta} v_\alpha = \sum_{\alpha,\beta=1}^{N} \sum_{\mu=1}^{n} \frac{\partial f_\mu^{\alpha\beta}}{\partial x_\mu} \tag{21}$$

mit $f_\mu^{\alpha\beta} = \sum_{|i| \leq m} f_{\mu i}^{\alpha\beta}$ ein Divergenzausdruck wird.

Mit der Abkürzung

$$M_{\alpha\beta}(u_\beta(x), v_\alpha(x)) := \sum_{\alpha,\beta=1}^{N} \sum_{\mu=1}^{n} f_u^{\alpha\beta}(x) \nu^\mu(x)$$

für $x \in \partial G$, $\nu(x) =$ Normale auf ∂G, erhält man also in Analogie zu (11) die Greensche Identität für Systeme

$$\int_G (v_\alpha L_{\alpha\beta} u_\beta - u_\beta L^*_{\alpha\beta} v_\alpha)\, dx = \int_{\partial G} M_{\alpha\beta}(u_\beta, v_\alpha)\, do_x \tag{22}$$

Bezeichnet man mit M die Matrix der bilinearen Differentialoperatoren $(M_{\alpha\beta})$, $\alpha, \beta = 1, \ldots, N$, und interpretiert man die Terme $v_\alpha M_{\alpha\beta} u_\beta$ des Matrizenproduktes $v' M u$ als Anwendung des bilinearen Differentialoperators $M_{\alpha\beta}$ auf das Funktionenpaar (u_β, v_α), das heißt, setzt man

$$[v' M u] := M_{\alpha\beta}(u_\beta, v_\alpha)$$

so erhält man die Greensche Identität in der Matrizenform

$$\int_G (v' L u - u' L^{*\prime} v)\, dx = \int_{\partial G} [v' M u]\, do_x \tag{22a}$$

An die Stelle des adjungierten Operators L^* in (11) tritt also hier die Transponierte zur Matrix der adjungierten Operatoren.

3.3 Fundamentalsysteme

Def. 7: (i) Sei $z \in G$. Eine Matrix $K(x, z) = (K_{\alpha\beta}(x, z))$, $\alpha, \beta = 1, \ldots, N$, deren Spalten

$$K_\beta(x, z) := \begin{pmatrix} K_{1\beta}(x, z) \\ \vdots \quad \vdots \\ K_{N\beta}(x, z) \end{pmatrix} \beta = 1, \ldots, N$$

Lösungen von $L_x K_\beta(x, z) = (0)$ sind in $G - (z)$, heißt Fundamentalsystem von L bezüglich z, wenn für jede Funktion $v \in C_m^N(\bar{G})$ gilt:

$$v(z) = \int_G K'(x, z)\, L_x^{*\prime} v(x)\, dx + \int_{\partial G} [v'(x)\, MK(x, z)]\, do_x \tag{23}$$

das heißt genauer: wenn die Integrale in (23) existieren und die Beziehung (23) gilt.

(ii) Die Matrix $K(x, z)$ von Funktionen $K_{\alpha\beta}(x, z)$, die für alle $(x, z) \in G \times G$ mit $x \neq z$ definiert sind, heißt Fundamentalsystem von L in G, wenn für jedes feste $z \in G$ die Matrix $K(x, z)$ ein Fundamentalsystem von L bezüglich z ist.

Die Gleichung (23) lautet in Komponentenform:

$$v_\lambda(z) = \int_G K_{\beta\lambda} L_{\alpha\beta}^* v_\alpha dx + \int_{\partial G} M_{\alpha\beta}(K_{\beta\lambda}, v_\alpha)\, do_x \tag{23a}$$

Ein Fundamentalsystem ist wiederum nur bis auf eine Matrix von regulären Lösungen von $Lu = (0)$ bestimmt. In Analogie zu Satz 5 gilt

Satz 8: Sei $K(x, z)$ ein Fundamentalsystem zu L und $u(x)$ eine Matrix, deren Spalten $u_\alpha(x)$ Lösungen von $Lu_\alpha = (0)$ sind, so ist auch

$$\tilde{K}(x, z) := K(x, z) + u(x)$$

ein Fundamentalsystem zu L.

Der Beweis verläuft völlig analog zu dem von Satz 5.
Existenzsätze für Fundamentalsysteme werden in Kap. 5 gebracht; das folgende Kapitel trifft die Vorbereitungen dazu.

4. Der Existenzsatz von Cauchy-Kowalewski

4.1 Lösungen mit Anfangsdaten auf einer Hyperfläche

Für spätere Zwecke wird eine etwas allgemeinere Fassung des Satzes von Cauchy-Kowalewski für lineare Systeme angestrebt. Sie wird auf die folgende übliche Form zurückgeführt:

Satz 9: In einer Umgebung G von $(0) \in \mathbf{R}^n$ sei das lineare Differentialgleichungssystem m-ter Ordnung für N Funktionen

$$Lu = f \tag{24}$$

mit Koeffizienten $a_i^{\alpha\beta} \in C_\omega^1(G)$ und rechter Seite $f \in C_\omega^N(G)$ gegeben. Das System (24) sei nach $D_1^m u$ auflösbar. (Das ist zum Beispiel erfüllt, wenn

$$\det(a_{mo\ldots o}^{\alpha\beta}) \neq 0 \tag{25}$$

ist.) Auf der Hyperebene $H_1: x_1 = 0$ seien m Funktionen $g_\lambda(x_2, \ldots, x_n)$ $\in C_\omega^N(H_1 \cap G)$ gegeben.

Beh.: Es existiert genau eine in einer geeigneten Nullumgebung $U \subset G$ analytische Lösung $u(x)$ von (24), die für $x \in H_1 \cap U$ den Anfangsbedingungen

$$D_1^\lambda u(x) = g_\lambda(x_2, \ldots, x_n),\ \lambda = 0, \ldots, m-1 \tag{26}$$

genügt.

Zusatz: Sind die Koeffizienten der höchsten Differentiationsordnung konstant und die übrigen ganze Funktionen, das heißt in Potenzreihen entwickelbar, die in dem ganzen $\mathbf{R}^n$ konvergieren, so ist auch die Lösung in ganz $\mathbf{R}^n$ analytisch.

Zum Beweis des ersten Teiles vgl. etwa Courant–Hilbert, Bd. 2, p. 34ff., oder Hörmander, p. 119. Zum Beweis des Zusatzes vgl. Rosenbloom, p. 68, oder John, p. 281ff.

Statt der m auf $x_1 = 0$ definierten analytischen Funktionen g_λ kann man auch eine einzige in einer vollen Umgebung von $x = (0)$ definierte und analytische Funktion $g \in C_\omega^N(G)$ vorgeben und die Anfangsbedingungen (26) in der Form

$$D_1^\lambda(u - g)|_{x \in H_1 \cap G} = (0) \tag{26a}$$

angeben. Beide Ausdrucksweisen (26) und (26a) werden wahlweise benutzt.

Def. 10: Sei $L = (L_{\alpha\beta})$ ein lineares System der Ordnung m und F eine durch die Gleichung

$$\varphi(x) = \varphi(x_0), \quad \varphi \in C_1^1(G), \quad \operatorname{grad}\varphi|_{x_0} \neq (0)$$

gegebene Fläche. F heißt »charakteristisch« im Punkt x_0 bezüglich L, wenn

$$\det Q(x_0, \operatorname{grad}\varphi|_{x_0}) = 0 \tag{27}$$

ist. F heißt in x_0 »charakteristikenfrei«, wenn

$$\det Q(x_0, \operatorname{grad}\varphi|_{x_0}) \neq 0 \tag{28}$$

ist (vgl. Hörmander, p. 30).

Ist F in x_0 charakteristikenfrei und sind die Koeffizienten von L stetig, so gibt es eine ganze Umgebung U von x_0, so daß F in allen Punkten aus $U \cap F$ charakteristikenfrei ist bezüglich L.

Satz 11: Sei G eine Umgebung von $x_0 \in \mathbf{R}^n$. In G seien das System L der Ordnung m mit Koeffizienten $a_i^{\alpha\beta} \in C_\omega^1(G)$ und Funktionen $f, g \in C_\omega^N(G)$ gegeben. Die Hyperebene

$$H: (x - x_0)\,\xi = 0, \ |\xi| = 1$$

sei in den Punkten $x \in H \cap G$ charakteristikenfrei bezüglich L. Dann besitzt das folgende Cauchy-Problem

$$Lu = (0)$$

$$\frac{\partial^\lambda (u - g)}{\partial \xi^\lambda} = \left(\sum_{\mu=1}^{n} \xi_\mu \frac{\partial}{\partial x_\mu} \right)^\lambda (u - g) \,|_{x \in H \cap G} = (0)$$

genau eine in einer geeigneten Umgebung von x_0 analytische Lösung u.

Beweis: Sei $y = T(x)$ eine lineare, orthonormale Transformation, die x_0 in den Nullpunkt und den Vektor ξ in den ersten Einheitsvektor überführt: $T(x_0) = (0)$, $T(\xi) = e_1$.

Durch die Transformation wird L in einen Operator $\tilde{L} = (\tilde{L}_{\alpha\beta}) = (\sum_{|i| \leq m} \tilde{a}_i^{\alpha\beta}(y) \, D_y^i)$ mit der charakteristischen Form $\tilde{Q}$ übergeführt. Da T linear ist, sind die Koeffizienten von $\tilde{L}$ wieder analytisch in einer Umegbung $\tilde{G}$ von (0). Die Hyperebene H geht bei der Transformation über in die Koordinatenebene $\tilde{H} : y_1 = 0$.

Wegen der Charakteristikenfreiheit von H bezüglich L ist

$$\det (\tilde{a}^{\alpha\beta}_{m0\ldots0}(0)) = \det \tilde{Q}(0, e_1) = \det Q(x_0, \xi) \neq 0$$

Folglich ist das transformierte System $\tilde{L}\tilde{u} = \tilde{f}$ im Punkt $y = (0)$ und einer gewissen Umgebung nach $D_1^m u$ auflösbar. Der Differentialausdruck $\frac{\partial^\lambda}{\partial \xi^\lambda} = (\xi \operatorname{grad}_x)^\lambda$ geht bei der Transformation über in $(e_1 \operatorname{grad}_y)^\lambda = \frac{\partial^\lambda}{\partial y_1^\lambda}$. Das (29) entsprechende transformierte Cauchy-Problem hat also die Gestalt:

$$Lu = f$$

$$\frac{\partial^\lambda}{\partial y_1^\lambda} (\tilde{u} - \tilde{g}) \,|_{y \in \tilde{H} \cap \tilde{G}} = (0)$$

mit in $\tilde{G}$ analytischen Funktionen $\tilde{f}$ und $\tilde{g}$. Dieses besitzt nach Satz 9 eine in einer Umgebung von (0) analytische Lösung $\tilde{u}(y)$. Dann ist aber $u(x) := \tilde{u}(T(x))$ Lösung des ursprünglichen Cauchy-Problems (29).

4.2 Analytizität der Lösungen in Abhängigkeit von den Parametern einer Anfangsflächenschar

Wir betrachten im folgenden die Lösungen von Cauchy-Problemen auf einer Hyperebenenschar und wollen die Analytizität der Lösungen in Abhängigkeit von den Scharparametern zeigen. Der folgende Satz ist sofort im Hinblick auf die spätere Verwendung etwas spezialisiert.

Satz 12: Sei $L = (L_{\alpha\beta})$ ein System von Differentialoperatoren der Ordnung m mit analytischen Koeffizienten in einer Umgebung G von $x_0 \in \mathbf{R}^n$. Durch

$$(x - x_0)\, \xi = p, \ |\xi| = 1, \ |p| < \varepsilon$$

sei eine Schar von Hyperebenen $H(\xi, p)$ gegeben, deren jede mit G einen nicht leeren Durchschnitt hat und bezüglich L charakteristikenfrei ist für alle $x \in H(\xi, p) \cap G$.

Weiter sei $g \in C_\omega^N(G)$ gegeben.

Beh.: Das Cauchy-Problem

$$Lu = (0)$$

$$\left.\frac{\partial^\lambda (u-g)}{\partial \xi^\lambda}\right|_{x \in H(\xi, p) \cap G} = (0), \lambda = 0, \ldots, m-1 \tag{30}$$

besitzt genau eine in einer Umgebung $U \subset G$ von x_0 analytische Lösung $u(x, \xi, p)$, und diese Lösung ist auch als Funktion der $n+1$ Variablen ξ und p analytisch für alle ξ mit $|\xi| = 1$ und alle p mit $|p| < \delta$ mit geeignetem δ.

Zusatz: Sind die Koeffizienten der Ordnung m von L konstant und diejenigen niedrigerer Ordnung ganze Funktionen, so ist die Lösung u analytisch für alle x und p und alle ξ mit $|\xi| = 1$.

Beweis: Sei o.B.d.A. $x_0 = (0)$. Wir betrachten zunächst die Cauchy-Probleme (30) auf den Hyperebenen der Schar

$$H(\xi, p): x\xi = p, \ \frac{1}{2} < |\xi| < \frac{3}{2}, \ |p| < \varepsilon$$

Für sie ist die Existenz einer bezüglich x analytischen Lösung nach Satz 11 bereits gesichert. Um die Analytizität bezüglich der $n+1$ Variablen ξ und p zu zeigen, führen wir eine orthogonale Transformation durch, die für jeden beliebigen Einheitsvektor η und alle ξ mit $|\xi| + \xi\eta \neq 0$ jeweils die Hyperebene $x\xi = p$ in die Hyperebene $\tilde{H}: y\eta = 0$ transformiert. Durch

$$y = T(x) := x + \frac{2\,(x\xi)}{|\xi|}\eta - \frac{(x\xi) + (x\eta)\,|\xi|}{|\xi| + (\xi\eta)}\left(\frac{\xi}{|\xi|} + \eta\right) - \frac{p}{|\xi|}\eta \tag{31}$$

mit der Umkehrtransformation

$$x = T^{-1}(y) = y + \frac{2\,(y\eta)}{|\xi|}\xi - \frac{(y\xi) + (y\eta)\,|\xi|}{|\xi| + (\xi\eta)}\left(\frac{\xi}{|\xi|} + \eta\right) + \frac{p}{|\xi|^2}\eta \tag{32}$$

(vgl. John, p. 280) ist eine solche Transformation gegeben. Skalare Multiplikation von (31) mit $\eta\ |\xi|\,(|\xi| + (\xi\eta))$ ergibt nämlich:

$$(y\eta)\,|\xi|\,(|\xi| + (\xi\eta)) = (x\xi - p)\,(|\xi| + (\xi\eta))$$

Für $|\xi| + \xi\eta \neq 0$ folgt also:

$$y\eta = 0 \Leftrightarrow x\xi = p$$

Sei ξ_0 ein Einheitsvektor. Zu ξ_0 werde ein Einheitsvektor η in (31) so gewählt, daß $|\xi_0| + (\xi_0\eta) \neq 0$ ist und dazu ein $\varepsilon < \frac{1}{2}$, so daß $|\xi| + (\xi\eta) \neq 0$ ist für alle ξ mit $|\xi - \xi_0| < \varepsilon$.

O.B.d.A. seien die Koeffizienten $a_i^{\alpha\beta}(x)$ von L analytisch für $|x| < \varepsilon$. Der Punkt $x = (0)$ geht vermöge (31) über in $y = -\frac{p}{|\xi|}\eta$ und die Koeffizienten $a_i^{\alpha\beta}(x)$ werden transformiert in Funktionen $\tilde{a}_i^{\alpha\beta}(y, \xi, p)$, die analytisch sind in dem durch

$$\left|y + \frac{p}{|\xi|}\eta\right| < \varepsilon, \ |\xi - \xi_0| < \varepsilon, \ |p| < \varepsilon \tag{33}$$

gekennzeichneten Bereich, insbesondere also für

$$|y| < \frac{\varepsilon}{2}, \; |p| < \frac{\varepsilon}{4}, \; |\xi - \xi_0| < \varepsilon \tag{34}$$

Das System L geht vermöge (31) über in ein System $\tilde{L}$ von Differentialoperatoren $\tilde{L}_{\alpha\beta}$ mit Ableitungen bezüglich der n Variablen y_μ und mit Koeffizienten $\tilde{b}_i^{\alpha\beta}(y, \xi, p)$, die sich multiplikativ zusammensetzen aus den transformierten Koeffizienten $\tilde{a}_i^{\alpha\beta}(y, \xi, p)$ und Ableitungen der analytischen Transformationsfunktion (31). Die Koeffizienten $\tilde{b}_i^{\alpha\beta}(y, \xi, p)$ sind demnach analytische Funktionen aller $2n + 1$ Variablen y, ξ, p im Bereich (34). Dem Cauchy-Problem (30) entspricht also das folgende »transformierte« Problem:

$$\tilde{L}\tilde{u} = (0)$$

$$\left.\frac{\partial^\lambda(\tilde{u} - \tilde{g})}{\partial\eta^\lambda}\right|_{y \in \tilde{H} \cap \tilde{G}} = (0), \; \lambda = 0, \ldots, m - 1 \tag{35}$$

mit einer der Funktion g nach (31) entsprechenden analytischen Funktion $\tilde{g}$, wobei $\tilde{H}$ die Hyperebene $y\eta = 0$ und $\tilde{G}$ den y-Bereich $|y| < \frac{\varepsilon}{2}$ bezeichnet und ξ und p ebenfalls dem Bereich (34) angehören müssen. Das Cauchy-Problem (35) besitzt nach Satz 11 genau eine in einem Bereich

$$|y| < \delta, \; |\xi - \xi_0| < \delta, \; |p| < \delta \tag{36}$$

mit $\delta < \frac{\varepsilon}{4}$, analytische Lösung $\tilde{u}(y, \xi, p)$ der $2n + 1$ Variablen y, ξ und p. Durch Rücktransformation in den x-Raum erhält man die Lösung $u(x, \xi, p) := \tilde{u}(T(x), \xi, p)$ des ursprünglichen Cauchy-Problems (30), die bezüglich x, ξ, p analytisch ist in dem durch

$$\left|x - \frac{p}{|\xi|^2}\xi\right| < \delta, \; |p| < \delta, \; |\xi - \xi_0| < \delta \tag{37}$$

gekennzeichneten Bereich, insbesondere also etwa für alle x, ξ und p mit

$$|x| < \frac{\delta}{2}, \; |p| < \frac{\delta}{4}, \; |\xi - \xi_0| < \delta \tag{38}$$

Jedem ξ_0 der Einheitssphäre $|\xi| = 1$ wird vermöge (38) eine Umgebung

$$U(\xi_0) : |\xi - \xi_0| < \delta$$

zugeordnet, in der $u(x, \xi, p)$ bezüglich ξ analytisch ist.

Wegen der Kompaktheit der Sphäre genügen endlich viele Umgebungen $U(\xi_0^\lambda)$ mit Radien δ^λ, $\lambda = 1, \ldots, s$, um die Sphäre zu überdecken. Sei $u_\lambda(x, \xi, p)$ die der Umgebung $U(\xi_0^\lambda)$ entsprechende Lösung des Cauchy-Problems. Die zu zwei verschiedenen Umgebungen $U(\xi_0^{\lambda_1})$ und $U(\xi_0^{\lambda_2})$ mit nicht leerem Durchschnitt gehörenden Lösungen u_{λ_1} und u_{λ_2} genügen im Durchschnitt $U(\xi_0^{\lambda_1}) \cap U(\xi_0^{\lambda_2})$ den gleichen Cauchyschen Anfangsbedingungen und stimmen daher wegen der eindeutigen Lösbarkeit des Cauchy-Problems dort überein. Die Lösungen $u_\lambda(x, \xi, p)$, $\lambda = 1, \ldots, s$, fügen sich also »analytisch« aneinander: Indem man

$$u(x, \xi, p) := u_\lambda(x, \xi, p) \quad \text{falls } \xi \in U(\xi_0^\lambda)$$

setzt, erhält man (mit $\delta_0 = \min_{\lambda=1,\ldots,s} (\delta^\lambda)$) eine für alle ξ aus der δ_0-Umgebung der Sphäre $|\xi| = 1$, das heißt für alle ξ mit $1 - \delta_0 < |\xi| < 1 + \delta_0$ analytische Lösung. Diese Lösung $u(x, \xi, p)$ ist also analytisch für alle x und p einer geeigneten Umgebung von $x = (0)$ und $p = 0$ und alle ξ mit $|\xi| = 1$ wie im Satz behauptet.
Der Zusatz folgt aus dem entsprechenden Zusatz von Satz 9 (vgl. JOHN, p. 279ff.).

5. Existenzsätze für Fundamentalsysteme

5.1 Systeme mit analytischen Koeffizienten

Satz 13: Sei L ein elliptisches System von analytischen Operatoren $L_{\alpha\beta}$ in G. Dann gibt es zu jedem $y \in G$ eine Umgebung $U(y)$ und ein in $U \times U$ definiertes Fundamentalsystem $K(x, z)$ von L, dessen Elemente analytisch sind bezüglich x und z für $(x, z) \in U \times U$ mit $x \neq z$.
Zusatz: Sind in L die Koeffizienten der Ordnung m konstant und die übrigen ganze Funktionen, so existiert $K(x, z)$ für alle $(x, z) \in \mathbf{R}^{2n}$ mit $x \neq z$ und ist dort analytisch.

Beweis: Wir gehen zunächst aus von der Greenschen Identität (22). Führt man, wie in 3.2 angegeben, in den Termen der Differentiationsordnung m einen Schritt der partiellen Integration durch, die zur Konstruktion der Bilinearform M führen, so ergibt sich für $u, v \in C_m^N(\overline{G})$ (mit den Abkürzungen $\sum\limits_{|i|=m}' := \sum\limits_{|i|=m,\,(i,j)\neq 0}$ und $\tilde{a}_i^{\alpha\beta} := \frac{1}{d(i)}\, a_i^{\alpha\beta}$):

$$\int_G v_\alpha \sum_{|i|=m} a_i^{\alpha\beta} D^i u_\beta dx = \int_G v_\alpha \sum_{|j|=1} \sum_{|i|=m}' \tilde{a}_i^{\alpha\beta} D^j D^{i-j} u_\beta dx =$$

$$= \int_G \sum_{|j|=1} \sum_{|i|=m}' D^j (v_\alpha \tilde{a}_i^{\alpha\beta} D^{i-j} u_\beta)\, dx - \int_G \sum_{|j|=1} \sum_{|i|=m}' D^j (v_\alpha \tilde{a}_i^{\alpha\beta})\, D^{i-j} u_\beta dx \qquad (39)$$

Durch Anwendung des Gaußschen Satzes auf den ersten der beiden letzten Summanden in (39) wird dieser umgeformt zu

$$\int_{\partial G} \sum_{|j|=1} \sum_{|i|=m}' (\nu(x)\, j)\, v_\alpha \tilde{a}_i^{\alpha\beta} D^{i-j} u_\beta do_x$$

mit $(\nu(x)\, j) = \nu_1 j_1 + \cdots + \nu_n j_n = \nu^j$, da $|j| = 1$ (vgl. Kap. 1).
Weitere partielle Integrationen liefern nur Terme der Ableitungsordnung $\leqq m - 2$ in u. Zur Abkürzung werde für ein in G definiertes Vektorfeld $\nu(x)$

$$I_\alpha(u) := \sum_{|j|=1} \sum_{|i|=m}' (\nu(x)\, j)\, \tilde{a}_i^{\alpha\beta}(x)\, D^{i-j} u_\beta(x) \qquad (40)$$

gesetzt und

$$I(u) := (I_\alpha(u))_{\alpha=1,\ldots,N}$$

Wir betrachten jetzt die Form $I(u)$ auf den Hyperebenen

$$H(\xi, p): (x - y)\, \xi = p, \; |\xi| = 1, \; |p| < \varepsilon$$

die G schneiden, und wählen als Vektorfeld ν auf einer Hyperebene jeweils das Normalenfeld, setzen also $\nu(x) = \xi$ für $x \in H(\xi, p)$. O.B.d.A. sei $y = (0)$.

Wir betrachten jetzt die folgenden N Cauchy-Probleme für N gesuchte Funktionen $u_\lambda = (u_{\lambda\mu})_{\mu=1,\ldots,N}$:

$$L u_\lambda = (0)$$

$$D^j u_\lambda|_{x \in H'(\xi,p)} = (0), \quad |j| = 0, \ldots m-2 \tag{41}$$

$$I(u_\lambda)\,|_{x \in H'(\xi,p)} = e_\lambda \tag{42}$$

wobei e_λ der λ-te kanonische Einheitsvektor im $\mathbf{R}^N$ und $H' := H \cap G$ ist.
Bei den Anfangsbedingungen (41) und (42) handelt es sich um solche der in Satz 12 geforderten Art: Da die $u_\lambda(x)$ auf der Hyperebene $H(\xi, p)$ verschwinden, so verschwinden dort auch alle Ableitungen in Richtungen parallel zu dieser Ebene; daher sind die Bedingungen (41) gleichbedeutend mit dem Verschwinden aller Richtungsableitungen in Richtung der Normalen ξ bis zur Ordnung $m-2$. (42) stellt eine Bedingung dar für eine gewisse Richtungsableitung der Ordnung $m-1$ von u. Diese kann additiv zerlegt werden in eine Richtungsableitung parallel zur Ebene $H(\xi, p)$, die wiederum verschwindet, und eine solche in Richtung ξ, so daß also (42) auch nur eine Bedingung für die Richtungsableitung senkrecht zur Hyperebene $x\xi = p$ darstellt.
Da das System L elliptisch ist, ist $\det Q(x, \xi) \neq 0$ für alle $x \in G$ und alle $\xi \in \mathbf{R}^n - (0)$, so daß also die Hyperebenen $H(\xi, p)$ bezüglich L alle charakteristikenfrei sind. Nach Satz 12 besitzen daher die Cauchy-Probleme (41), (42) Lösungen $u_\lambda(x, \xi, p)$, die analytisch sind bezüglich x, ξ, p etwa für $|x| < \varepsilon$, $|p| < \varepsilon$ und alle ξ mit $|\xi| = 1$.
Sei $u = (u_{\lambda\mu})_{\lambda\mu=1,\ldots,N}$ die Matrix dieser N Lösungen. Differentiation und Integration einer solchen Matrix sind stets elementweise zu verstehen. u ist dann also die »Lösungsmatrix« des folgenden Cauchy-Problems in Matrizenform:

$$L u = \Omega$$

$$D_x^j u|_{x \in H'(\xi,p)} = \Omega, \quad |j| = 0, \ldots, m-2 \tag{43}$$

$$I(u)\,|_{x \in H'(\xi,p)} = (I(u_\lambda)_{\lambda=1,\ldots,N}) = E$$

Sei $f(s)$ eine reellwertige, integrierbare, symmetrische Funktion, das heißt, es sei $f(s) = f(-s)$, $s \in \mathbf{R}$. Weiter sei $v(x, z)$ die folgende Matrix

$$v(x, z) := \int_{|\xi|=1} \left(\int_0^{(z-x)\xi} u(x, \xi, z\xi - s) f(s)\, ds \right) do_\xi \tag{44}$$

Die Elemente $v_{\alpha\beta}(x, z)$ von $v(x, z)$ sind definiert in dem durch

$$|x| < \varepsilon, \quad |z\xi - s|_{s \in (0, (z-x)\xi)} < \varepsilon \tag{45}$$

definierten Bereich, also, da

$$|z\xi - s| \leqq |z\xi| + |s| \leqq |z| + |z - x| \leqq 2\,|z| + |x|$$

ist, sicherlich für alle x, z mit

$$|x| < \frac{\varepsilon}{3}, \quad |z| < \frac{\varepsilon}{3} \tag{45a}$$

Nach (43) gilt für alle j mit $|j| \leqq m-2$:

$$D_x^j u(x, \xi, z\xi - s)|_{s=(z-x)\xi} = \Omega \tag{46}$$

Daher gilt für jede Ableitung der Ordnung $|j| \leqq m - 1$ von v:

$$D_x^j v(x, z) = \int_{|\xi|=1} \left(\int_0^{(z-x)\xi} D_x^j u(x, \xi, z\xi - s) f(s)\, ds \right) do_\xi \tag{47}$$

denn die Terme, die bei der Differentiation von v durch Ableitung des inneren Integrals nach der oberen Grenze entstehen, verschwinden nach (46).
Für eine Ableitung der Ordnung $|i| = m$ gilt dann, wenn etwa $i = j + k$, $|j| = m - 1$, $|k| = 1$ gesetzt wird:

$$D_x^i v(x, z) = - \int_{|\xi|=1} \xi^k f((z - x)\xi)\, D_x^j u(x, \xi, x\xi)\, do_\xi + \\ + \int_{|\xi|=1} \left(\int_0^{(z-x)\xi} D_x^i u(x, \xi, z\xi - s) f(s)\, ds \right) do_\xi \tag{48}$$

Daraus folgt weiter wegen $Lu = \Omega$ und $I(u(x, \xi, x\xi)) = E$:

$$L_x v(x, z) = - \int_{|\xi|=1} f((z - x)\xi)\, I(u(x, \xi, x\xi))\, do_\xi + \\ + \int_{|\xi|=1} \left(\int_0^{(z-x)\xi} L_x u f(s)\, ds \right) do_\xi = - \int_{|\xi|=1} f((z - x)\xi)\, do_\xi E \tag{49}$$

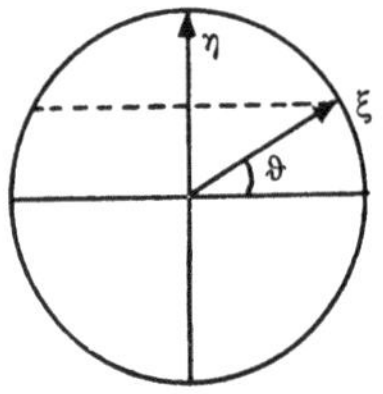

Sei $r := |z - x|$ und $\eta := \dfrac{z - x}{r}$. Auf den »Breitenkreisen« $\eta\xi = \text{const.}$ ist $f((z - x)\xi)$ ebenfalls konstant. Bezeichnet ϑ den »geographischen Breitengrad« auf der Sphäre $|\xi| = 1$, das heißt $\sin\vartheta$ bezeichnet die Höhe des Breitenkreises über der »Äquatorebene«, so gilt:

$$L_x v(x, z) = - \omega_{n-1} \left(\int_{-\frac{\pi}{2}}^{\frac{\pi}{2}} f(r \sin\vartheta) \cos^{n-2}\vartheta\, d\vartheta \right) \cdot E = \\ = - 2\omega_{n-1} \left(\int_0^{\frac{\pi}{2}} f(r \sin\vartheta) \cos^{n-2}\vartheta\, d\vartheta \right) E \tag{50}$$

Wir spezialisieren nun die Funktion $f(s)$ zu

$$f(s) := \left\{ \begin{matrix} |s| & \text{falls } n \text{ ungerade} \\ \log|s| & \text{falls } n \text{ gerade} \end{matrix} \right\} \tag{51}$$

Mit

$$\int_0^{\frac{\pi}{2}} \sin\vartheta \cos^{n-2}\vartheta\, d\vartheta = \frac{1}{(n-1)}$$

für ungerades n und

$$\int_0^{\frac{\pi}{2}} \log(r \sin\vartheta) \cos^{n-2}\vartheta\, d\vartheta = \log r \int_0^{\frac{\pi}{2}} \cos^{n-2}\vartheta\, d\vartheta + \\ + \int_0^{\frac{\pi}{2}} \log(\sin\vartheta) \cos^{n-2}\vartheta\, d\vartheta = \log r \frac{\Gamma\left(\frac{1}{2}\right)\Gamma\left(\frac{n-1}{2}\right)}{2\Gamma\left(\frac{n}{2}\right)} + J_n$$

für gerades n (J_n steht zur Abkürzung für das zweite Integral) folgt dann aus (50):

$$L_x v(x, z) = \begin{cases} -\dfrac{2}{n-1}\,\omega_{n-1}\cdot r\cdot E & \text{falls } n \text{ ungerade} \\[2ex] -\dfrac{\sqrt{\pi}\,\Gamma\left(\dfrac{n-1}{2}\right)}{\Gamma\left(\dfrac{n}{2}\right)}\,\omega_{n-1}\cdot r\cdot E - 2\,\omega_{n-1}\cdot J_n\cdot E & \text{falls } n \text{ gerade} \end{cases} \tag{52}$$

Wir führen zur Abkürzung die Bezeichnungen

$$\alpha_n := -\frac{2}{n-1}\,\omega_{n-1}\,,\quad \beta_n := -\frac{\sqrt{\pi}\,\Gamma\left(\dfrac{n-1}{2}\right)}{\Gamma\left(\dfrac{n}{2}\right)}\,\omega_{n-1} = -\frac{2\sqrt{\pi}^{\,n}}{\Gamma\left(\dfrac{n}{2}\right)}\,,$$

$$\gamma_n := -\frac{2\,\omega_{n-1}}{\beta_n}\,J_n$$

ein.

$\alpha_n, \beta_n, \gamma_n$ sind dimensionsabhängige Konstanten.

Sei G ein in der Kugel $|x| < \frac{\varepsilon}{3}$ enthaltenes Gebiet und w eine Funktion aus $C_m^N(\overline{G})$. Dann folgt mit (52) und unter Ausnutzung der Greenschen Identität (22):

$$\int_G v'(x, z)\, L_x^{*\prime} w(x)\, dx + \int_{\partial G} [w'(x)\, Mv(x, z)]\, do_x =$$

$$= \begin{cases} \alpha_n E \int_G w(x)\, r\, dx & \text{falls } n \text{ ungerade} \\[1ex] \beta_n E \int_G w(x)\,(\log r + \gamma_n)\, dx & \text{falls } n \text{ gerade} \end{cases} \tag{53}$$

Unter Berücksichtigung der Beziehung

$$\Delta_z\, |x - z|^\lambda = \lambda(\lambda + n - 2)\, |x - z|^{\lambda - 2}$$

ergibt die mehrfache Anwendung des Laplace-Operators (bezüglich z) auf $r = |x - z|$ bzw. $\log r$:

$$\Delta_z^{\frac{n-1}{2}}\, r = (-1)^{\frac{n-3}{2}}\, \frac{(n-1)!}{n-2}\, r^{2-n} =: c_{n-1}\, r^{2-n} \tag{54a}$$

für ungerades n und

$$\Delta_z^{\frac{n-2}{2}}\, \log r = (-1)^{\frac{n-4}{2}}\, 2^{n-2}\left(\left(\frac{n-2}{2}\right)!\right)^2 \frac{1}{n-2}\, r^{2-n} =: c_{n-2}\, r^{2-n} \tag{54b}$$

für gerades $n > 2$. Mit Hilfe der Identität

$$\Delta_z\left(\int_G w(x)\, \frac{|x - z|^{2-n}}{(2-n)\omega_n}\, dx\right) = w(z) \quad (n \geqq 3)$$

$$\frac{1}{2\pi}\, \Delta_z\left(\int_G w(x)\, \log|x - z|\, dx\right) = w(z) \quad (n = 2)$$

(vgl. COURANT–HILBERT, Bd. 2, p. 246ff. oder HELLWIG, p. 162ff.) ergibt sich dann für ungerades n

$$\Delta_z^{\frac{n+1}{2}} \alpha_n \int_G w(x)\, r\, dx = \alpha_n c_{n-1} \Delta_z \int_G w(x)\, r^{2-n} dx =$$

$$= \alpha_n\, c_{n-1} (2-n)\, \omega_n\, w(z) = (-1)^{\frac{n-1}{2}}\, 4\, (2\pi)^{n-1}\, w(z) \tag{55a}$$

und für gerades n:

$$\Delta_z^{\frac{n}{2}} \beta_n \int_G w(x) (\log r + \gamma_n)\, dx = c_{n-2} \beta_n \Delta_z \int_G w(x)\, r^{2-n} dx =$$

$$= \beta_n\, c_{n-2} (2-n)\, \omega_n\, w(z) = (-1)^{\frac{n-2}{2}} (2\pi)^n\, w(z) \tag{55b}$$

für $n \neq 2$ bzw. für $n = 2$:

$$\Delta_z\, \beta_2 \int_G w(x) (\log r + \gamma_2)\, dx = \beta_2\, 2\pi w(z) = 4\pi^2 w(z)$$

Wir setzen nun:

$$K(x, z) := \left\{ \begin{array}{ll} (-1)^{\frac{n-1}{2}} (4\, (2\pi)^{n-1})^{-1} \Delta_z^{\frac{n+1}{2}}\, v(x, z) & \text{falls } n \text{ ungerade} \\ (-1)^{\frac{n-2}{2}} (2\pi)^{-n} \Delta_z^{\frac{n}{2}}\, v(x, z) & \text{falls } n \text{ gerade} \end{array} \right\} \tag{56}$$

Zunächst gilt für $x \neq z$:

$$L_x K(x, z) = \Omega \tag{57}$$

wie nach Vertauschung des Operators Δ_z^q, $q = \frac{n+1}{2}$ bzw. $q = \frac{n}{2}$, mit L aus den Formeln (52) und (54) folgt, unter Berücksichtigung der Tatsache, daß r^{2-n} bzw. $\log r$ (im Fall $n = 2$) Fundamentallösungen des Laplace-Operators sind.
Aus (53) und (55) folgt weiter, wenn noch die Vertauschbarkeit des Operators Δ_z^q, q wie oben, mit dem Gebietsintegral über G nachgewiesen wird, daß für jedes $w \in C_m^N(\overline{G})$ gilt:

$$w(z) = \int_G K'(x, z)\, L_x^{*\prime} w(x)\, dx + \int_{\partial G} [w'(x)\, MK(x, z)]\, do_x \tag{58}$$

(57) und (58) bedeuten gerade, daß $K(x, z)$ ein Fundamentalsystem von L ist. Die Elemente $K_{\alpha\beta}(x, z)$ von K sind nach (45a) definiert für $x \neq z$ in dem Bereich $|x| < \frac{\varepsilon}{3}$, $|z| < \frac{\varepsilon}{3}$.

Zum Nachweis der Vertauschbarkeit des iterierten Laplace-Operators mit dem Gebietsintegral ist nur die absolute Konvergenz des uneigentlichen Gebietsintegrals in (58) zu zeigen. Diese ergibt sich unmittelbar aus folgendem Lemma, das auch später noch benötigt wird.

Lemma 14: Die durch (56) definierte Fundamentalmatrix $K(x, z)$ besitzt folgende Gestalt $\left(r = |z - x|,\ \zeta = \dfrac{z - x}{r}\right)$:

$$K(x, z) = r^{m-n} A(x, z, \zeta, r) \quad \text{falls } n \text{ ungerade} \tag{59a}$$

$$K(x, z) = r^{m-n} (\log r\, B(x, z, \zeta, r) + C(x, z, \zeta, r)) \quad \text{falls } n \text{ gerade} \tag{59b}$$

mit Matrizen A, B, C, deren Elemente analytische Funktionen der $3n + 1$ Variablen x, z, ζ, r sind (ζ und r als selbständige, unabhängige Variable aufgefaßt).

Ferner ist der Faktor von $\log r$ in (59b), die Matrix $r^{m-n} B(x, z, \zeta, r)$, bezüglich x in $x = z$ noch analytisch.

Da Singularitäten der Form r^{m-n} für $m \geqq 1$ in einer Umgebung von $r = 0$ noch integrierbar sind, folgt aus (59) die zu beweisende Vertauschbarkeit von Differatiation und Integration. Darüber hinaus ist ein Gebietsintegral über eine Funktion $r^{m-n} g(x)$ mit in G stetig differenzierbarer Funktion $g(x)$ noch m-mal nach z differenzierbar (vgl. etwa für $m = 2$, $n = 3$ Courant–Hilbert, Bd. 2, p. 246ff.).

Da ζ und r ihrerseits analytisch bezüglich x und z sind für $x \neq z$, so folgt die Analytizität der Elemente $K_{\alpha\beta}(x, z)$ von K für $x \neq z$ in einer geeigneten Umgebung von $x = 0$ und $z = 0$.

Beweis des Lemmas: Da nach (43) die partiellen Ableitungen der Elemente der Matrix u bis zur Ordnung $m - 1$ einschließlich auf den Hyperebenen $x\xi = p$ verschwinden, also die $u_{\alpha\beta}(x, \xi, p)$ selbst dort von der Ordnung $m - 1$ verschwinden, hat die Matrix u die Gestalt:

$$u(x, \xi, p) = (x\xi - p)^{m-1} \tilde{u}(x, \xi, p) \tag{60}$$

mit analytischen Funktionen $\tilde{u}_{\alpha\beta}(x, \xi, p)$ bezüglich x, ξ und p im Bereich

$$|x| < \frac{\varepsilon}{3},\quad |p| < \frac{\varepsilon}{3},\quad |\xi| = 1$$

Damit erhält man nach einer Transformation der Integrationsvariablen $s \to rs$ (genauer: man setzt $s = rt$ und schreibt wieder s statt t) für $v(x, z)$ in (44):

$$v(x, z) = \int_{|\xi| = 1} \Big(\int_0^{\zeta\xi} ((x - z)\xi + rs)^{m-1} r\tilde{u}(x, \xi, z\xi - rs) f(rs)\, ds \Big)\, do_\xi$$

$$= r^m \int_{|\xi| = 1} \Big(\int_0^{\zeta\xi} (-\zeta\xi + s)^{m-1} \tilde{u}(x, \xi, z\xi - rs) f(rs)\, ds \Big)\, do_\xi \tag{61}$$

Wir führen jetzt eine Transformation der Integrationsvariablen ξ durch, um das Integral in (61) lokal unabhängig zu machen von der oberen Grenze des inneren Integrals. Zu festem ξ_0 werden ein Einheitsvektor η und ein $\delta > 0$ so gewählt, daß $1 + \zeta\eta \neq 0$ ist für alle ζ mit $|\zeta - \zeta_0| < \delta$. Sodann sei

$$\xi = T(\xi') := \xi' + 2(\xi'\eta)\zeta - \frac{(\xi'\zeta) + (\xi'\eta)}{1 + \zeta\eta}(\eta + \zeta) \tag{62}$$

Die Transformation ist orthogonal. Skalare Multiplikation mit ζ ergibt: $(\xi\zeta) = (\xi'\eta)$ und folglich: $|\xi| = |\xi'|$, das heißt, die Sphäre $|\xi| = 1$ bleibt unter T invariant. Damit wird (61) zu

$$v(x, z) = r^m \int_{|\xi'| = 1} \Big(\int_0^{\eta\xi'} (-\zeta T(\xi') + s)^{m-1} \tilde{u}(x, T(\xi'), zT(\xi') - r \cdot s) f(rs)\, ds \Big)\, do_{\xi'} \tag{63}$$

Da $\tilde{u}(x, \xi, p)$ analytisch ist in x, ξ und p und die Transformation T analytisch ist in ζ und ξ', ist der gesamte Integrand in (63) analytisch bezüglich der Variablen x, z, ξ, ξ', r, s in einem durch

$$|x| < \varepsilon, \ |\xi'| = 1, \ |z T(\xi') - rs| < \varepsilon \tag{64}$$

gekennzeichneten Bereich, wegen

$$|s| \leqq |\eta \xi'| = 1 \quad \text{und} \quad |z T(\xi') - rs| \leqq |z| + r \leqq 2\,|z| + |x|$$

also insbesondere für

$$|x| < \frac{\varepsilon}{3}, \ |z| < \frac{\varepsilon}{3}, \ r < \frac{\varepsilon}{3}, \ |s| \leqq 1, \ |\xi'| = 1, \ |\zeta| = 1 \tag{65}$$

Die Analytizität bezüglich ζ gilt wie beim Beweis von Satz 12 zunächst wieder nur für $|\zeta - \zeta_0| < \delta$, folgt aber dann mittels des Satzes von HEINE–BOREL für alle ζ der Einheitssphäre.

Wählt man die Funktion $f(s)$ in (63) gemäß (51), so ist der gesamte Integrand in (63) analytisch im Bereich (65) mit der Einschränkung $r > 0$. Die Elemente $v_{\alpha\beta}(x, z)$ von v selbst sind also analytisch bezüglich x, z, ζ, r im Bereich

$$|x| < \frac{\varepsilon}{3}, \ |z| < \frac{\varepsilon}{3}, \ |\zeta| = 1, \ 0 < r < \frac{\varepsilon}{3} \tag{66}$$

so daß also $v(x, z)$ die folgende Darstellung besitzt:

$$v(x, z) = \begin{cases} r^{m+1} A_0(x, z, \zeta, r) \quad n \text{ ungerade} & (67\,\text{a}) \\ r^m (\log r B_0(x, z, \zeta, r) + C_0(x, z, \zeta, r)) \quad n \text{ gerade} & (67\,\text{b}) \end{cases}$$

mit analytischen Matrizen A_0, B_0, C_0 ihrer Argumente x, z, ζ und r im Bereich (66). A_0, B_0 und C_0 sind lokal darstellbar durch das Integral in (61) mit $f(rs) = r\,|s|$ bzw. $f(rs) = \log |rs| = \log r + \log |s|$.

Da ζ und r selbst wieder analytische Funktionen von x und z sind für $x \neq z$, folgt speziell die Analytizität der Elemente von $v(x, z)$ bezüglich x und z für $x \neq z$, $|x| < \frac{\varepsilon}{3}$, $|z| < \frac{\varepsilon}{3}$.

Man rechnet aus (67) leicht nach (vgl. etwa den Beweis von Korollar 19 in 5.3), daß irgendeine partielle Ableitung von $v(x, z)$, etwa die nach z_1, die folgende Gestalt hat:

$D_{1z} v(x, z) = r^m A_0^1(x, z, \zeta, r)$ falls n ungerade bzw.

$D_{1z} v(x, z) = r^{m-1}(\log r B_0^1(x, z, \zeta, r) + C_0^1(x, z, \zeta, r))$ falls n gerade

mit Matrizen A_0^1, B_0^1 und C_0^1, die wiederum analytisch sind bezüglich ihrer sämtlichen Argumente. Durch vollständige Induktion folgt dann die Gestalt (59) von $K(x, z)$.

Der Faktor von $\log r$ in (59), $r^{m-n} B(x, z, \zeta, r)$, kommt zustande durch mehrfache Anwendung des Δ_z-Operators auf das Integral

$$r^m B_0 = r^m \int\limits_{|\xi| = 1} \Big(\int\limits_0^{\zeta\xi} (-\zeta\xi + s)^{m-1} \tilde{u}(x, \zeta, z\xi - rs)\, ds \Big)\, do_\xi$$

$$= \int\limits_{|\xi| = 1} \Big(\int\limits_0^{(z-x)\xi} u(x, \xi, z\xi - s)\, ds \Big)\, do_\xi = \int\limits_{|\xi| = 1} \Big(\int\limits_{x\xi}^{z\xi} u(x, \xi, p)\, dp \Big)\, do_\xi \tag{68}$$

Differentiation von (68) ergibt:

$$D_{\mu z}(r^m B_0) = \int_{|\xi|=1} u(x, \xi, z\xi)\, \xi_\mu \, do_\xi$$

$$D_{\mu z}^2(r^m B_0) = \int_{|\xi|=1} \left.\frac{\partial u(x, \xi, p)}{\partial p}\right|_{p=z\xi} \xi_\mu^2 \, do_\xi$$

Daraus folgt weiter:

$$\Delta_z(r^m B_0) = \int_{|\xi|=1} u_p(x, \xi, p)\,|_{p=z\xi}\, do_\xi$$

Da $u(x, \xi, p)$ analytisch ist bezüglich x, ξ und p, ist auch

$$r^{m-n} B = \Delta_z^{\frac{n}{2}} (r^m B_0) = \int_{|\xi|=1} \left.\frac{\partial^{n-1} u(x, \xi, p)}{\partial p^{n-1}}\right|_{p=z\xi} do_\xi$$

reell analytisch bezüglich x und z für alle x, z mit $|x| < \frac{\varepsilon}{3}$, $|z| < \frac{\varepsilon}{3}$. Damit ist das Lemma bewiesen.

5.2 Systeme mit konstanten Koeffizienten

Für elliptische Systeme mit konstanten Koeffizienten läßt sich die Lösung des Cauchy-Problems (43) durch Integrale angeben, und die Fundamentalmatrix kann für diese Fälle noch näher charakterisiert werden.

Sei also $L = (L_{\alpha\beta}) = (\sum_{|i| \leq m} a_i^{\alpha\beta} D^i)$ ein elliptisches System der Ordnung m mit konstanten Koeffizienten $a_i^{\alpha\beta}$. Zur Abkürzung führen wir die folgenden Matrizen ein:

$$a_i := (a_i^{\alpha\beta})_{\alpha,\beta=1,\ldots,N}$$

$$Q_\mu(\xi) := \sum_{|i|=\mu} a_i \xi^i$$

$$L(\xi) := \sum_{\mu=0}^{m} Q_\mu(\xi) = (\sum_{|i| \leq m} a_i \xi^i)$$

($Q_m(\xi)$ ist danach die charakteristische Form von L, sie wird weiterhin mit $Q(\xi)$ bezeichnet.)

Wir beweisen zunächst folgenden Hilfssatz über gewöhnliche Differentialgleichungen.

Satz 14: Gegeben sei das folgende, in Matrizenform geschriebene, gewöhnliche (reelle) Anfangswertproblem für die N Spaltenvektoren der Matrix $f(q) = (f_{\varkappa\lambda}(q))$ $\varkappa, \lambda = 1, \ldots, N$, $q \in \mathbf{R}$ ($f^{(\mu)}$: $=$ μ-te Ableitung von f):

(i) $\sum_{\mu=0}^{m} Q_\mu(\xi) f^{(\mu)}(q) = \Omega$

(ii) $f(0) = f'(0) = \cdots = f^{(m-2)}(0) = \Omega$ (69)

(iii) $f^{(m-1)}(0) = (Q(\xi))^{-1}$

mit $\xi \in \mathbf{R}^n$, $|\xi| = 1$

$|t| = R$ sei ein Kreis in der komplexen Zahlenebene, der alle Nullstellen von $\det L(t\xi)$, $t \in \mathbf{C}$, im Innern enthält.

Beh.: Die Lösung des Anfangswertproblems (69) wird durch das komplexe Linienintegral

$$f(q) = \frac{1}{2\pi i} \int_{|t|=R} (L(t\xi))^{-1} e^{qt}\, dt \tag{70}$$

gegeben.

Beweis: Zunächst gilt:

$$L(t\xi) = \sum_{\mu=0}^{m} Q_\mu(t\xi) = \sum_{\mu=0}^{m} t^\mu Q_\mu(\xi) = t^m Q(\xi)\,(E + Q(\xi)^{-1} \sum_{\mu=0}^{m-1} t^{\mu-m} Q_\mu(\xi))$$

$$=: t^m Q(\xi)\, P(\xi, t) \tag{71}$$

[$P(\xi, t)$ wird durch (71) definiert].
Wegen der Elliptizität von L existiert die inverse Matrix $Q(\xi)^{-1}$ für alle $\xi \in \mathbf{R}^n - (0)$. Ferner existiert zu jedem ξ_0 mit $|\xi_0| = 1$ ein $R(\xi_0)$, so daß $\det P(\xi_0, t) \neq 0$ für alle t mit $|t| \geqq R(\xi_0)$.
Da die $Q_\mu(\xi)$ auf dem Kompaktum $|\xi| = 1$ beschränkt sind, folgt, daß R unabhängig von ξ so gewählt werden kann, daß für alle ξ die Nullstellen von $\det L(t\xi)$, $t \in \mathbf{C}$, im Innern von $|t| = R$ liegen. Aus (70) folgt:

$$f^{(\mu)}(q) = \frac{1}{2\pi i} \int_{|t|=R} L(t\xi)^{-1} t^\mu e^{qt}\, dt \tag{72}$$

Somit gilt:

$$\sum_{\mu=0}^{m} Q_\mu(\xi) f^{(\mu)}(q) = \frac{1}{2\pi i} \int_{|t|=R} \sum_{\mu=0}^{m} Q_\mu(\xi)\, t^\mu L(t\xi)^{-1} e^{qt}\, dt$$

$$= \frac{1}{2\pi i} E \int_{|t|=R} e^{qt}\, dt = E \operatorname*{Res}_{|t| \leq R} (e^{qt}) = \Omega,$$

da das Residuum von e^{qt} verschwindet. Damit ist (69) (i) nachgewiesen.
Aus (71) und (72) folgt weiter:

$$f^{(\mu)}(0) = \frac{1}{2\pi i} \int_{|t|=R} L(t\xi)^{-1} t^\mu\, dt = \frac{1}{2\pi i} Q(\xi)^{-1} \int_{|t|=R} P(\xi, t)^{-1} t^{\mu-m}\, dt$$

$$= Q(\xi)^{-1} \operatorname*{Res}_{|t| \leq R} \{P(\xi, t)^{-1} t^{\mu-m}\} = \Omega \quad (\text{für } \mu \leqq m-2)$$

denn die Reihenentwicklung von $P(\xi, t)^{-1}$ beginnt mit

$$E + A_1 t^{\mu-m} + A_2 t^{2(\mu-m)} + \cdots$$

Für $\mu = m - 1$ folgt schließlich:

$$f^{(m-1)}(0) = Q(\xi)^{-1} \operatorname*{Res}_{|t| \leq R} \{P(\xi, t)^{-1} t^{-1}\} = Q(\xi)^{-1}$$

Damit sind auch (69) (ii) und (iii) nachgewiesen.
Mit Hilfe dieses Satzes können wir jetzt leicht die Lösung des Cauchy-Problems (43) angeben.

Satz 15: Sei L ein elliptisches System mit konstanten Koeffizienten. Die Matrix $f(q)$ sei die Lösung des gewöhnlichen Anfangswertproblems (69) aus Satz 14. Dann ist die Matrix

$$u(x, \xi, p) := f(x\xi - p) \tag{73}$$

die (eindeutig bestimmte) Lösung des Cauchy-Problems (43).

Beweis: Zunächst gilt:

$$D_x^i u(x, \xi, p) = f^{(|i|)}(q)\,|_{q = x\xi - p}\, \xi^i$$

Damit folgt aus (69) (i):

$$Lu = \sum_{\mu=0}^{m} \sum_{|i| = \mu} a_i D^i u = \sum_{\mu=0}^{m} \sum_{|i|=\mu} a_i \xi^i f^{(\mu)}(q)\,|_{q = x\xi - p} = \Omega$$

Aus (69) (ii) folgt:

$$D_x^i u(x, \xi, p)\,|_{p = x\xi} = \xi^i f^{(|i|)}(0) = \Omega \quad \text{für } |i| = 0, \ldots, m-2$$

Schließlich ergibt sich aus (iii):

$$I(u(x, \xi, x\xi)) = \sum_{|j|=1} \sum_{|i|=m}{}' \xi^j \tilde{a}_i D_x^{i-j} u(x, \xi, p)\,|_{p = x\xi}$$

$$= \sum_{|j|=1} \sum_{|i|=m}{}' \xi^j \tilde{a}_i \xi^{i-j} f^{(m-1)}(0) = Q(\xi) \cdot Q(\xi)^{-1} = E$$

Nach (44) und (56) ergibt sich damit für die Fundamentalmatrix $K(x, z)$ ein Ausdruck, der nur Integrale über gegebene Größen enthält ($q := (x - z)\,\xi$ gesetzt):

$$K(x, z) = c_1 \Delta_z^{\frac{n+1}{2}} \int_{|\xi|=1} \left(\int_0^{-q} \left(\frac{1}{2\pi i} \int_{|t|=R} L(t\xi)^{-1} e^{(q+s)t}\, dt \right) |s|\, ds \right) do_\xi \tag{74a}$$

mit

$$c_1 = (-1)^{\frac{n-1}{2}} \left(4\,(2\pi)^{n-1}\right)^{-1} \quad \text{falls } n \text{ ungerade}$$

und

$$K(x, z) = c_2 \Delta_z^{\frac{n}{2}} \int_{|\xi|=1} \left(\int_0^{-q} \left(\frac{1}{2\pi i} \int_{|t|=R} L(t\xi)^{-1} e^{(q+s)t}\, dt \right) \log |s|\, ds \right) do_\xi \tag{74b}$$

mit

$$c_2 = (-1)^{\frac{n-2}{2}} (2\pi)^{-n} \quad \text{falls } n \text{ gerade ist.}$$

5.3 Homogene Systeme vom Grade m

Für den Fall, daß L homogen ist vom Grade m, das heißt die Form

$$L = \Big(\sum_{|i|=m} a_i^{\alpha\beta} D^i \Big), \quad a_i^{\alpha\beta} = \text{const} \tag{75}$$

besitzt, läßt sich die Fundamentallösung in (74) noch weiter ausrechnen, da das innere Integral in (74) für diesen Fall ein auswertbares Residuum darstellt.

Aus (75) folgt:

$$L(t\xi) = t^m Q(\xi)$$

Die Determinante von $L(t\xi)$ verschwindet dann wegen $\det Q(\xi) \neq 0$ nur für $t = 0$. Folglich gilt nach (70) und (73):

$$u(x, \xi, p) = Q(\xi)^{-1} (2\pi i)^{-1} \int_{|t| = R} t^{-m} e^{(x\xi - p)t} dt$$

$$= Q(\xi)^{-1} \operatorname*{Res}_{|t| \leq R} \{t^{-m} e^{(x\xi - p)t}\} = Q(\xi)^{-1} \frac{(x\xi - p)^{m-1}}{(m-1)!} \tag{76}$$

Nun gilt für $f(s) = |s|$:

$$\int_0^{(z-x)\xi} \frac{((x-z)\xi + s)^{m-1}}{(m-1)!} |s| \, ds = \operatorname{sgn}((z-x)\xi) \frac{((x-z)\xi)^{m+1}}{(m+1)!} \tag{77}$$

und für $f(s) = \log |s|$ gilt:

$$\int_0^{(z-x)\xi} \frac{((x-z)\xi + s)^{m-1}}{(m-1)!} \log |s| \, ds =$$

$$= \frac{1}{(m-1)!} \sum_{\lambda=0}^{m-1} \binom{m-1}{\lambda} ((x-z)\xi)^{m-1-\lambda} \int_0^{(z-x)\xi} s^\lambda \log |s| \, ds$$

$$= -\frac{((x-z)\xi)^m}{m!} \left(\log |(x-z)\xi| + \sum_{\lambda=1}^{m} \frac{(-1)^\lambda}{\lambda} \binom{m}{\lambda} \right) \tag{78}$$

Setzt man (76) und (78) in (74b) ein, so erhält man als Fundamentalsystem für gerades n ($q = (x - z)\xi$):

$$K(x, z) = -\frac{c_2}{m!} \Delta_z^{\frac{n}{2}} \int_{|\xi| = 1} Q(\xi)^{-1} q^m \left(\log |q| + \sum_{\lambda=1}^{m} \frac{(-1)^\lambda}{\lambda} \binom{m}{\lambda} \right) do_\xi \tag{79}$$

Der zweite Summand in (79) liefert eine reguläre Lösung von $Lu = (0)$, denn zunächst ergibt die Anwendung von $\Delta_z^{\frac{n}{2}}$ auf $((x - z)\xi)^m$ eine homogene Form vom Grade $m - n$, so daß die Anwendung eines Operators der Ordnung m darauf jedenfalls 0 ergibt. Da L homogen ist vom Grade m, folgt die Behauptung.
Nach Satz 8 in 3.3 kann der zweite Summand in (79) somit weggelassen werden, der erste Summand allein ist bereits eine Fundamentallösung. Wir haben somit bewiesen:

Satz 16: Ist L elliptisch und homogen vom Grade m mit konstanten Koeffizienten, so ist [mit Konstanten c_1 und c_2 aus (74)]

$$K(x, z) = \frac{c_1}{(m+1)!} \Delta_z^{\frac{n+1}{2}} \int_{|\xi| = 1} Q(\xi)^{-1} \operatorname{sgn}((z-x)\xi) ((x-z)\xi)^{m+1} do_\xi \tag{80a}$$

für ungerades n und

$$K(x, z) = -\frac{c_2}{m!} \Delta_z^{\frac{n}{2}} \int_{|\xi| = 1} Q(\xi)^{-1} ((x-z)\xi)^m \log |(x-z)\xi| \, do_\xi \tag{80b}$$

für gerades n ein Fundamentalsystem von L.

Aus (80) wollen wir für spätere Zwecke noch eine spezielle Gestalt des Fundamentalsystems herleiten. Es gilt

Satz 17: Die Fundamentalmatrix (80) kann auf folgende Gestalt gebracht werden: $(r = |x - z|)$

$$K(x,z) = \begin{cases} r^{m-n}\varphi(x-z) & \text{falls } n \text{ ungerade oder } n > m \quad (81\,a) \\ r^{m-n}\tilde{\varphi}(x-z) + q(x-z)\log r & \text{falls } n \text{ gerade und } n \leqq m \quad (81\,b) \end{cases}$$

wobei φ und $\tilde{\varphi}$ Matrizen von homogenen Formen vom Grade 0 sind in $(x - z)$, das heißt, es gilt für $t \in \mathbf{R}$, $t > 0$, $\varphi(t(x-z)) = \varphi(x-z)$, und $q(x-z)$ eine Matrix von homogenen Polynomen vom Grade $m - n$ in $(x - z)$ ist, das heißt, q ist von der Form

$$q(x-z) = \sum_{|i| = m-n} b_i (x-z)^i$$

Zum Beweis zunächst ein Lemma:

Lemma 18: Ist $f(x)$, $x \in \mathbf{R}$, eine differenzierbare, homogene Funktion vom Grade λ, so ist $f'(x)$ homogen vom Grade $\lambda - 1$.

Aus $f(tx) = t^\lambda f(x)$, $t > 0$ reell, folgt nämlich:

$$\left.\frac{df(x)}{dx}\right|_{t x_0} = \lim_{th \to 0} \frac{f(tx_0 + th) - f(tx_0)}{th}$$

$$= \frac{t^\lambda}{t} \lim_{h \to 0} \frac{f(x_0 + h) - f(x_0)}{h} = t^{\lambda - 1} \left.\frac{df(x)}{dx}\right|_{x_0}.$$

Das Integral in (80a) ist eine Matrix homogener Formen vom Grade $m + 1$ in $(x - z)$, die analytisch sind in x und z für $x \neq z$. Aus Lemma 18 folgt dann, daß $\frac{n+1}{2}$-malige Anwendung des Operators Δ_z auf das Integral eine Matrix homogener Formen vom Grade $m - n$ ergibt. Dann sind aber die Elemente der durch

$$\varphi(x-z) := |x-z|^{n-m} K(x,z) \tag{82}$$

definierten Matrix homogene Formen vom Grade 0.
Damit ist zunächst (81a) für ungerades n nachgewiesen.
Mit $q = (x - z)\,\xi$ gilt:

$$\Delta_z^s (q^m \log|q|) = |\xi|^{2s} q^{m-2s} (d_{2s} \log|q| + e_{2s}) \tag{83}$$

mit Konstanten d_{2s} und e_{2s}, die nur von s abhängen (bei gegebenem m und n).
Aus (80b) folgt für gerades $n > m$, wenn wir $p = 2\left[\frac{m}{2}\right]$ setzen und p-mal den Laplace-Operator auf das Integral anwenden (die Differentiation unter dem Integral ist für $x \neq z$ gestattet):

$$K(x,z) = -\frac{c_2}{m!}\, d_p\, \Delta_z^{\frac{n-p}{2}} \int_{|\xi| = 1} Q(\xi)^{-1} q^{m-p} \log|q| \, do_\xi \tag{84}$$

Für ungerades m ist $m - p = 1$, $n - p \geqq 2$ (da $n > m$), und man erhält, wenn man $\log |q| = \log |\zeta \xi| + \log r$ setzt $\left(\text{mit } \zeta = \frac{x - z}{r}\right)$ und in (84) noch eine Differentiation durchführt:

$$K(x, z) = -\frac{c_2}{m!} d_p \Delta_z^{\frac{n-p-2}{2}} \sum_{\mu=1}^{n} D_{\mu z} \int_{|\xi|=1} Q(\xi)^{-1} (-\xi_\mu) (\log |q| + 1)\, do_\xi$$

$$= -\frac{c_2}{m!} d_p \Delta_z^{\frac{n-p-2}{2}} \sum_{\mu=1}^{n} D_{\mu z} \Big[\int_{|\xi|=1} Q(\xi)^{-1} (-\xi_\mu) (\log |\zeta \xi|)\, do_\xi$$

$$+ \log r \int_{|\xi|=1} Q(\xi)^{-1} (-\xi_\mu)\, do_\xi \Big] \tag{85}$$

Das erste Integral in den beiden letzten Summanden von (85) ist eine Matrix homogener Formen vom Grade 0 in $(x - z)$, so daß eine Ableitung dieses Terms von der Ordnung $n - p - 2 + 1$ eine Matrix homogener Formen vom Grade $-(n - p - 1) = m - n$ ergibt. Da eine partielle Ableitung $D_{\mu z}$ von $\log r$ homogen vom Grade -1 ist, wird auch die Ableitung des letzten Integrals in (85) homogen vom Grade $m - n$.
Für gerades m ist $m - p = 0$; in (84) kann dann direkt die Aufspaltung von $\log |(x - z)\, \xi|$ vorgenommen werden, und die weitere Argumentation verläuft analog zur obigen. In beiden Fällen ist also

$$\tilde{\varphi}(x - z) := r^{n-m} K(x, z) \tag{86}$$

eine Matrix homogener Formen vom Grade 0. Damit ist (81a) für gerades $n > m$ nachgewiesen.
Für gerades $n \leqq m$ ergibt sich aus (80) und (83):

$$K(x, z) = -\frac{c_2}{m!} \int_{|\xi|=1} Q(\xi)^{-1} q^{m-n} (d_n \log |q| + e_n)\, do_\xi \tag{87}$$

Der zweite Summand in (87) ist wieder eine reguläre Lösung von $Lu = (0)$ und kann daher nach Satz 8 weggelassen werden. Dann folgt aus (87):

$$K(x, z) = -\frac{c_2}{m!} r^{m-n} \log r \int_{|\xi|=1} Q(\xi)^{-1} (\zeta \xi)^{m-n} do_\xi$$

$$-\frac{c_2}{m!} r^{m-n} \int_{|\xi|=1} Q(\xi)^{-1} (\zeta \xi)^{m-n} \log |\zeta \xi|\, do_\xi \tag{88}$$

Der Faktor von $\log r$ im ersten Summanden

$$q(x - z) := -\frac{c^2}{m!} \int_{|\xi|=1} Q(\xi)^{-1} ((x - z)\, \xi)^{m-n} do_\xi \tag{89}$$

ist eine Matrix homogener Formen vom Grade $m - n$ in $(x - z)$. Da jede Ableitung der Ordnung $m - n + 1$ von (89) [bezüglich $(x - z)$] verschwindet, folgt, daß die Elemente der Matrix Polynome vom Grade $m - n$ sind. Der Faktor von r^{m-n} im zweiten Summanden von (88) ist homogen vom Grade 0. Damit ist auch (81b) bewiesen.
Wir schließen noch ein Korollar an über die Gestalt der Ableitungen eines Fundamentalsystems der Form (81), das später benutzt wird.

Korollar 19: Sei L elliptisch und homogen vom Grade m mit konstanten Koeffizienten. Dann haben die Ableitungen des Fundamentalsystems (81) folgende Gestalt:

$$D_z^i K(x, z) = \begin{cases} r^{m-n-|i|} \varphi_i(x-z) & \text{falls } n \text{ ungerade oder } n > m \qquad (90\text{a}) \\ r^{m-n-|i|} \overline{\varphi}_i(x-z) + q_i(x-z) \log r & \\ \qquad \text{falls } n \text{ gerade und } n \leqq m & (90\text{b}) \end{cases}$$

Wobei φ_i bzw. $\overline{\varphi}_i$ homogen vom Grade 0 sind in $(x-z)$, und die q_i Matrizen homogener Polynome vom Grade $m-n-|i|$ in $(x-z)$ sind.

Beweis: Es genügt, den Beweis für irgendeine der partiellen Ableitungen, etwa für D_1 zu führen. Der Rest folgt dann durch Induktion. Im Fall (81 a) gilt:

$$D_{1x}(r^{m-n}\varphi) = r^{m-n-1}\left((m-n)\frac{x_1-z_1}{r}\varphi + rD_1\varphi\right)$$

$D_1\varphi$ ist nach Lemma 18 homogen vom Grade -1. Damit ist

$$\varphi_1(x-z) := (m-n)\, r^{-1}(x_1-z_1)\,\varphi(x-z) + rD_1\varphi(x-z) \qquad (91)$$

wieder homogen vom Grade 0.

Im Fall (81 b) gilt:

$$D_{1x}(q \log r + r^{m-n}\tilde{\varphi}) = r^{m-n-1}\left(\frac{q}{r^{m-n}}\,\frac{x_1-z_1}{r} + \tilde{\varphi}_1\right) + D_1 q \log r$$

mit $\tilde{\varphi}_1$ analog zu (91).

$$\overline{\varphi}_1 := \frac{q(x-z)}{r^{m-n}}\,\frac{x_1-z_1}{r} + \tilde{\varphi}_1(x-z)$$

ist wieder homogen vom Grade 0, da $q(x-z)$ homogen vom Grade $m-n$ ist. $q_1(x-z) := D_1 q(x-z)$ schließlich ist eine Matrix homogener Polynome vom Grade $m-n-1$.

6. Reihenentwicklungen von Lösungen in der Nähe isolierter Singularitäten

In diesem Kapitel werden Reihenentwicklungen für Lösungen elliptischer Systeme hergeleitet, und zwar zunächst, in dem allgemeinen Fall elliptischer Systeme mit analytischen Koeffizienten, nur in einer »Polytopschale« (siehe unten) um die Singularität. Die Koeffizienten dieser Reihenentwicklungen hängen noch von der Wahl der Polytopschale ab. Sodann werden für den Spezialfall von elliptischen, homogenen Systemen mit konstanten Koeffizienten Reihenentwicklungen angegeben, die in einer punktierten Polytopumgebung der Singularität gültig sind und ein Analogon zu den Laurent-Reihen in der Funktionentheorie darstellen.

6.1 Systeme mit analytischen Koeffizienten

Satz 20: Sei L ein elliptisches System mit analytischen Koeffizienten in G und u sei eine Lösung von $Lu = (0)$ in $G-(y)$, $y \in G$. $K(x, z)$ sei ein Fundamentalsystem des zu L adjungierten Systems $L^{*\prime}$ in G und P_1 sei ein offenes Polytop aus G mit Zentrum y, so daß die Elemente $K_{\alpha\beta}(x, z)$ von K analytisch sind für alle $(x, z) \in P_1 \times P_1$ mit $x \neq z$.

Beh.: Zu jedem weiteren Polytop $P_2 \subset P_1$ um y existiert eine in der »Polytopschale« $P := P_1 - \bar{P}_2$ gültige Reihenentwicklung für $u(z)$ von der Form

$$u(z) = w(z) - \sum_{\mu=0}^{\infty} \sum_{|i|=\mu} A_i D_\eta^i K(\eta, z)_{\eta=y} \tag{92}$$

mit einer in ganz P_1 analytischen Funktion $w \in C_\omega^N(P_1)$ und konstanten Vektoren $A_i \in \mathbf{R}^N$.

Beweis: Nach (8) haben die zu den Operatoren $L_{\alpha\beta} = \sum_{|i| \leq m} a_i^{\alpha\beta} D^i$ von L adjungierten Operatoren $L^*_{\alpha\beta}$ ebenfalls analytische Koeffizienten und stimmen in den Gliedern m-ter Ordnung mit den entsprechenden von $L_{\alpha\beta}$ überein. Daher ist mit L auch das zu L adjungierte System $L^{*\prime}$ elliptisch.

Nach Satz 13 existiert dann zu $L^{*\prime}$ ein Fundamentalsystem $K(x, z)$, das in einer Umgebung $U(y)$ von y analytisch ist bezüglich x und z für $x \neq z$. Man wähle zwei Polytope $P_2 \subset P_1 \subset U$ mit Zentrum y, und $P := P_1 - \bar{P}_2$. Für jedes $z \in \bar{P}$ sind die Funktionen $K_{\alpha\beta}(x, z)$ analytisch bezüglich x für $x \neq z$; es existiert also ein kompakt in P_2 enthaltenes Polytop P_3, so daß die $K_{\alpha\beta}(x, z)$ bezüglich x in Mehrfachpotenzreihen entwickelbar sind, die für $x \in \bar{P}_3$ konvergent sind (zur Abkürzung setzen wir $D_y^i K(y, z) := D_\eta^i K(\eta, z)_{\eta=y}$):

$$K_{\alpha\beta}(x, z) = \sum_{\mu=0}^{\infty} \sum_{|i|=\mu} \frac{1}{i!} (x - y)^i D_y^i K_{\alpha\beta}(y, z) \tag{93}$$

Das Polytop P_3 hängt zunächst von z ab. Da die $K_{\alpha\beta}(x, z)$ aber auch bezüglich z analytisch sind, gibt es zu jedem $\tilde{z} \in \bar{P}$ eine Umgebung $V(\tilde{z})$, so daß für alle $z \in V(\tilde{z})$ dasselbe Konvergenzgebiet $P_3(V)$ gewählt werden kann. Endlich viele dieser Umgebungen $V(\tilde{z})$ überdecken $\bar{P}$, und man wähle als P_3 das kleinste der zugehörigen Polytope $P_3(V)$. Dann ist die Reihe (93) für alle $z \in \bar{P}$ bezüglich $x \in \bar{P}_3$ konvergent, und da P_3 kompakt in P_2 liegt, ist die Konvergenz gleichmäßig.

Durch Vertauschen von L und L^* in (23) ergibt sich für Lösungen u von $Lu = (0)$ in P die Darstellung:

$$u(z) = \int_{\partial(P_1 - P_3)} [u'(x)\, MK(x, z)]\, do_x = \int_{\partial P_1} [u' MK]\, do_x - \int_{\partial P_3} [u' MK]\, do_x \tag{94}$$

Der erste Summand in (94)

$$w(z) := \int_{\partial P_1} [u'(x)\, MK(x, z)]\, do_x \tag{95}$$

oder in Komponentenform

$$w_\alpha(z) = \int_{\partial P_1} M_{\tau\beta}(K_{\beta\alpha}(x, z), u_\tau(x))\, do_x \tag{95a}$$

ist analytisch bezüglich z in ganz P_1, da für $x \in \partial P_1$ und $z \in P_1$ stets $x \neq z$ ist.

Setzt man die Reihenentwicklung (93) in den zweiten Summanden von (94) ein, so ergibt sich unter Berücksichtigung der Bilinearität von M und der Vertauschbarkeit von Integral und Summenzeichen [letzteres wegen der gleichmäßigen Konvergenz der Reihe (93)]:

$$\int_{\partial P_3} M_{\tau\beta}(K_{\beta\alpha}(x, z), u_\tau(x))\, do_x$$

$$= \sum_{\mu=0}^{\infty} \sum_{|i|=\mu} \left(\frac{1}{i!} \int_{\partial P_3} M_{\tau\beta}((x-y)^i, u_\tau(x))\, do_x \right) D_y^i K_{\beta\alpha}(y, z)$$

Mit den Konstanten $A_i = (A_i^1, \ldots, A_i^N)$,

$$A_i^\beta := \frac{1}{i!} \int_{\partial P_3} M_{\tau\beta}((x-y)^i, u_\tau(x))\, do_x \tag{96}$$

und der analytischen Funktion (95) gilt die Darstellung (92). Die Konstanten A_i hängen noch von der Wahl von P_3 ab.

6.2 Homogene Systeme mit konstanten Koeffizienten

Satz 21: Das System L sei elliptisch und homogen vom Grade m mit konstanten Koeffizienten. $u(x)$ sei Lösung von $Lu = (0)$ in $G - (y), y \in G$. $K(x, z)$ sei ein Fundamentalsystem der Form (81) zu $L^{*\prime}$.
Beh.: Es existiert eine in einem punktierten Polytop $P_1 - (y)$ gültige Reihenentwicklung für u:

$$u(z) = w(z) - \sum_{\mu=0}^{\infty} \sum_{|i|=\mu} B_i D_\eta^i K(\eta, z)_{\eta=y} \tag{97}$$

mit einer analytischen Funktion $w(z) \in C_\omega^N(P_1)$ und konstanten Vektoren $B_i \in \mathbf{R}^N$ mit $B_i = (0)$ für alle i mit $i_1 \geqq m$. Diese Darstellung ist eindeutig bis auf die Wahl der ausgezeichneten Variablen x_1.

Die Eigenschaft $B_i = (0)$ für alle i mit $i_1 \geqq m$ wird im folgenden durch die Einschränkung $i_1 < m$ beim Summationsindex i kenntlich gemacht.
Zum Beweis des Satzes benutzen wir folgendes Lemma:

Lemma 22: Voraussetzungen über L wie in Satz 21. Sei u eine Lösung von $Lu = (0)$ und μ eine ganze Zahl $\geqq m$.
Beh.: Es gibt zu jedem System von Konstanten $\{A_i\}_{|i|=\mu}$, $A_i \in \mathbf{R}^N$, ein System $\{B_i\}_{|i|=\mu}$, $B_i \in \mathbf{R}^N$ von Konstanten mit $B_i = (0)$ für alle i mit $i_1 \geqq m$, so daß gilt:

$$\sum_{|i|=\mu} A_i D^i u = \sum_{|i|=\mu, i_1<m} B_i D^i u \tag{98}$$

(Die Darstellung ist eindeutig bis auf die Auszeichnung der Variablen x_1.)

Beweis: Sei $L = (L_{\alpha\beta}) = (\sum_{|i|=m} a_i^{\alpha\beta} D^i)$, und sei weiter L_1 die Matrix, die nur die Glieder m-ter Ordnung von L bezüglich D_1 enthält, also

$$L_1 := (a_{mo\ldots0}^{\alpha\beta})\, D_1^m \tag{99}$$

Zur Abkürzung setzen wir $a_m := (a_{mo\ldots0}^{\alpha\beta})_{\alpha,\beta=1,\ldots,N}$. Zur Matrix a_m existiert die Inverse a_m^{-1}, denn wegen der Elliptizität von L ist nach (20) mit $\xi = (1,0, \ldots, 0)$

$$\det a_m = \det(\sum_{|i|=m} a_i^{\alpha\beta} \xi^i) \neq 0 \tag{100}$$

Nun gilt mit $L_2 : = L - L_1$ für Lösungen u von $Lu = (0)$:

$$D_1^m u = a_m^{-1}(L - L_2)\, u = -a_m^{-1} L_2 u \tag{101}$$

Die Matrix L_2 enthält nur Operatoren, deren Ableitungsordnung bezüglich D_1 kleiner als m ist.
Der Differentialausdruck $\sum_{|i| = \mu} A_i D^i u$ werde nach Potenzen von D_1 geordnet. Es gilt, wenn zur Abkürzung $j : = i - i_1 e_1 = (0, i_2, \ldots, i_n)$ geschrieben wird:

$$\sum_{|i| = \mu} A_i D^i u = \sum_{i_1 = 0}^{p} \Big(\sum_{|j| = \mu - i_1} A_i D^j \Big) D_1^{i_1} u \tag{102}$$

wobei p der größte in $\sum_{|i| = \mu} A_i D^i u$ auftretende Exponent von D_1 ist ($p \leqq \mu$). Für den Fall $p < m$ ist nichts zu beweisen. Sei $p \geqq m$. Dann gilt mit (101):

$$D_1^p u = D_1^{p-m} D_1^m u = -a_m^{-1} (D_1^{p-m} L_2)\, u \tag{103}$$

Der Operator

$$D_1^{p-m} L_2 = \sum_{|i| = m,\, i_1 < m} a_i D_1^{i_1 + p - m} D_2^{i_2} \ldots D_n^{i_n}$$

enthält bezüglich D_1 nur Potenzen der Ordnung $\leqq p - 1$. Damit ist die Ordnung von D_1 in (102) um 1 reduziert. (103) wird in (102) eingesetzt, und man ordnet den Ausdruck erneut nach Potenzen von D_1. Nach $(p - m + 1)$-maliger Anwendung dieses Reduktionsverfahrens erhält man die gewünschte Darstellung (98).

Beweis von Satz 21: Nach obiger Voraussetzung ist $K(x, z)$ eine Fundamentallösung von $L^{*\prime}$. Wir wählen wie beim Beweis von Satz 20 Polytope P_1, P_2, P_3 und erhalten in $P_1 - \bar{P}_2$ die Darstellung (92).
Für $z \in \bar{P}$ gilt, da $y \neq z$:

$$L_y^{*\prime} K(y, z) = \Omega$$

Somit ist (mit $L^{*\prime}$ statt L) für $\mu \geqq m$ auf die Summen

$$\sum_{|i| = \mu} A_i D_y^i K(y, z) \tag{104}$$

Lemma 22 anwendbar. Indem man in (104) für i mit $|i| < m$ $B_i = A_i$ setzt und für i mit $|i| \geqq m$ die nach Lemma 22 konstruierten Koeffizienten B_i, erhält man die normierte Darstellung (97).
Diese Darstellung gilt zunächst in der Polytopschale $P : = P_1 - \bar{P}_2$. Wenn nachgewiesen wird, daß sich bei jeder beliebigen Wahl der Polytopschale P stets dieselbe Darstellung (97) [mit derselben Funktion $w(z)$ und denselben Konstanten B_i] ergibt, so gilt die Darstellung in dem vollen, punktierten Polytop $P_1 - (y)$.
Seien $\tilde{P}_1$, $\tilde{P}_2$ weitere Polytope mit Zentrum y, derart, daß mit $\tilde{P} : = \tilde{P}_1 - \bar{\tilde{P}}_2$ $P \cap \tilde{P} \neq \emptyset$ ist. Sei weiter

$$u(z) = \tilde{w}(z) - \sum_{\mu = 0}^{\infty} \sum_{|i| = \mu,\, i_1 < m} \tilde{B}_i D_y^i K(y, z)$$

die Darstellung von $u(z)$ in $\tilde{P}$. Dann gilt in $P \cap \tilde{P}$:

$$\tilde{w}(z) - w(z) = \sum_{\mu = 0}^{\infty} \sum_{|i| = \mu,\, i_1 < m} (\tilde{B}_i - B_i)\, D_y^i K(y, z) \tag{105}$$

Sei

$$h(z) := \tilde{w}(z) - w(z).$$

Es ist zu zeigen:

$$h(z) = (0) \quad \text{in} \quad P \cap \tilde{P} \quad \text{und} \quad \tilde{B}_i = B_i \quad \text{für alle } i.$$

In (105) setzen wir die Darstellung (90) für die Ableitungen von $K(x, z)$ ein. Sei

$$\psi_\mu(y - z) := \sum_{|i| = \mu, i_1 < m} (\tilde{B}_i - B_i)\, \varphi_i(y - z) \tag{106}$$

Im Fall (90b) ist $\overline{\varphi}_i$ statt φ_i einzusetzen in (106). Diese beiden Matrizen werden im folgenden jedoch nicht mehr unterschieden, da es nur auf ihre Eigenschaft der Homogenität ankommt.

Weiter sei

$$Q(y - z) := \sum_{\mu = 0}^{m-n} \sum_{|i| = \mu} (\tilde{B}_i - B_i)\, q_i(y - z) \tag{107}$$

Dann schreibt sich (105) in der Form:

$$h(z) = \sum_{\mu = 0}^{\infty} r^{m-n-\mu} \psi_\mu(y - z) + Q(y - z) \log r \tag{108}$$

wobei $Q(y - z) \equiv (0)$ zu setzen ist im Fall (90a).

Die $\psi_\mu(y - z)$ sind homogen vom Grade 0, hängen also nur vom Einheitsvektor $\zeta = \dfrac{y - z}{r}$, nicht aber von r ab. Daher ist im folgenden die Schreibweise $\psi_\mu(\zeta)$ statt $\psi_\mu(y - z)$ gerechtfertigt.

Sei ζ_0 fest gewählt. Die Komponenten von $\sum_{\mu=0}^{\infty} r^{m-n-\mu} \psi_\mu(\zeta_0)$ sind dann reell analytische Funktionen bezüglich r für

$$R_2(\zeta_0) < |r| < R_1(\zeta_0)$$

mit $R_2(\zeta_0) = \inf_{\varrho \zeta_0 \in P \cap \tilde{P}} \varrho$, $R_1(\zeta_0) = \sup_{\varrho \zeta_0 \in P \cap \tilde{P}} \varrho$.

Die Fortsetzung dieser Funktionen zu komplexen Werten $t = r + is$ ergibt daher holomorphe, schlichte Funktionen $\sum_{\mu=0}^{\infty} t^{m-n-\mu} \psi_\mu(\zeta_0)$ im Kreisring $R_2(\zeta_0) < |t| < R_1(\zeta_0)$, die holomorph fortgesetzt werden können in den ganzen Bereich $|t| \geqq R_1(\zeta_0)$.

Da $h(z) \in C_\omega^N(\tilde{P}_1 \cap P_1)$ ist, besitzt (mit $z = y - r\zeta_0$) $h(y - r\zeta_0)$ als Funktion von r reell analytische Komponenten für $0 \leqq |r| < R_1(\zeta_0)$, die sich bezüglich r in reelle Potenzreihen entwickeln lassen mit einer geeigneten Umgebung von 0, etwa $|r| < R$, als Konvergenzgebiet. Sie lassen sich holomorph und schlicht fortsetzen zu komplexen Potenzreihen, die im Kreis $|t| < R$ konvergieren. Es kann o.B.d.A. angenommen werden, daß $R > R_2(\zeta_0)$ ist, denn für den Beweis genügt es, sich auf »hinreichend kleine« Polytope P_2 bzw. $\tilde{P}_2$ zu beschränken.

Die Elemente der Matrizen

$$q_i(y - z) = q_i(r\zeta_0) =: r^{m-n-|i|} \bar{q}_i(\zeta_0)$$

sind Monome vom Grade $m - n - |i|$. Daher sind die Komponenten des Vektors

$$Q(y - z) = \sum_{\mu=0}^{m-n} r^{m-n-\mu} \sum_{|i| = \mu} (\tilde{B}_i - B_i)\, \bar{q}_i(\zeta_0)$$

Polynome in r, die bei Fortsetzung zu komplexen Werten t ebenfalls holomorphe, schlichte Funktionen ergeben.

Die Fortsetzung des logarithmischen Anteils in (108) zu komplexen Werten t für $R_2(\zeta_0) < |t| < R_1(\zeta_0)$ ist aber mehrdeutig. Gleichung (108) kann daher nur richtig sein, wenn $Q(y - z) \equiv (0)$ ist. Mithin gilt für beliebiges n:

$$h(y - t\zeta_0) = \sum_{\mu=0}^{\infty} t^{m-n-\mu} \psi_\mu(\zeta_0) \tag{109}$$

Aus dem Identitätssatz für Laurent-Reihen folgt, daß (109) nach ganz **C** holomorph fortgesetzt werden kann. Insbesondere gilt:

$$\psi_\mu(\zeta_0) = (0) \quad \text{für } \mu > m - n \tag{110}$$

Da (110) für jedes feste ζ_0 gilt, folgt also:

$$h(y - r\zeta) = \sum_{\mu=0}^{m-n} r^{m-n-\mu} \psi_\mu(\zeta) \quad \text{falls } n \leqq m \tag{111}$$

$$\psi_\mu(\zeta) = (0) \quad \text{für} \quad \mu \geqq \operatorname{Max}(0, m - n + 1) \quad n \text{ beliebig} \tag{112}$$

Gleichung (111) lautet, in die ursprüngliche Form umgeschrieben:

$$h(z) = \sum_{\mu=0}^{m-n} \sum_{|i|=\mu} (\tilde{B}_i - B_i)\, D_y^i K(y, z) \tag{113}$$

Wegen der holomorphen Fortsetzbarkeit von (109) gilt Gleichung (113) insbesondere für alle $z \in P_1 \cap \tilde{P}_1$.

Sei T der Operator

$$T := \sum_{\mu=0}^{m-n} \sum_{|i|=\mu} (\tilde{B}_i - B_i)\, D^i \tag{114}$$

U sei eine in $P_1 \cap \tilde{P}_1$ enthaltene offene Umgebung von y und $f(z)$ eine Funktion aus $C_m^N(U)$, deren Träger kompakt ist in U. Dann gilt nach (23) in Def. 7:

$$f(z) = \int_U K'(x, z)\, L_x^{*\prime} f(x)\, dx$$

Nach (80) ist das Fundamentalsystem $K(x, z)$ bis auf ein eventuelles Minuszeichen symmetrisch, das heißt, es gilt:

$$K(x, z) = \pm K(z, x) \tag{115}$$

Daher gilt auch:

$$f(z) = \pm \int_U K'(z, x)\, L_x^{*\prime} f(x)\, dx \tag{116}$$

Mit (113) folgt dann:

$$T_z f(z) \underset{(1)}{=} \pm \int_U T_z K'(z, x)\, L_x^{*\prime} f(x)\, dx \underset{(2)}{=} \pm \int_U h(x)\, L_x^{*\prime} f(x)\, dx$$

$$\underset{(3)}{=} \pm \int_U (L_x h(x))\, f(x)\, dx \underset{(4)}{=} (0) \tag{117}$$

Zur Begründung der einzelnen Schritte:
(1) Da $T_z K'(z, x)$ nach (113) reell analytisch ist, ist T_z mit dem Integral vertauschbar. (2) gilt nach (113), (3) gilt nach (22) weil f kompakten Träger hat, und (4) gilt, weil $Lh = L\tilde{w} - Lw = (0)$ ist.

(117) gilt für jedes $f \in C_m^N(U)$ mit kompaktem Träger in U. Mithin muß T der »Nulloperator« sein, das heißt, es ist

$$B_i = \tilde{B}_i$$

für alle i mit $0 \leqq |i| \leqq m - n$.

Zu (112): Multiplikation der Gleichung $\psi_\mu(\zeta) = (0)$ mit $r^{m-n-\mu}$, $r \neq 0$, ergibt:

$$\sum_{|i| = \mu, i_1 < m} (\tilde{B}_i - B_i)\, D_y^i K(y, z) = (0) \tag{118}$$

Wir betrachten wieder den linear homogenen Operator

$$T := \sum_{|i| = \mu, i_1 < m} (\tilde{B}_i - B_i)\, D^i \tag{119}$$

mit konstanten Koeffizienten $(\tilde{B}_i - B_i)$. Nach (118) ist $T_y K(y, z) = (0)$, und zwar gilt das für alle $z \neq y$. Wegen (115) gilt dann auch:

$$T_z K(y, z) = (0) \tag{120}$$

Sei G ein beliebiges Normalgebiet aus $\mathbf{R}^n$ und f eine Lösung von $Lf = (0)$ in G. Dann gilt nach (23):

$$f(z) = \int_{\partial G} [f'(x)\, MK(x, z)]\, do_x$$

und weiter nach (120), wenn man berücksichtigt, daß (120) auf Grund der Darstellung (90) der Ableitungen von K für alle $y \neq z$ gilt:

$$T_z f(z) = \int_{\partial G} [f'(x)\, MT_z K(x, z)]\, do_x = 0 \tag{121}$$

Aus $Lf = (0)$ folgt also $Tf = 0$ in G.
Wir betrachten nun spezielle $f(z) = (f_\alpha(z))$ mit Komponenten

$$f_\alpha(z) = g_\alpha(z_1)\, e^{\sigma_2 z_2 + \cdots + \sigma_n z_n}, \alpha = 1, \ldots, N \tag{122}$$

mit reellen Konstanten $\sigma_2, \ldots, \sigma_n$.
Anwendung des Operatorsystems L auf ein $f(z)$ der Form (122) ergibt ein System gewöhnlicher Differentialgleichungen für die N Funktionen $g_\alpha(z_1)$ in impliziter Form (wir setzen zur Abkürzung wieder $j := i - i_1 e_1 = (0, i_2, \ldots, i_n)$):

$$\sum_{i_1=0}^{m} \Big(\sum_{|j| = m - i_1} a_i^{\alpha\beta} \sigma_2^{i_2} \ldots \sigma_n^{i_n} \Big) g_\beta^{(i_1)}(z_1) = 0 \qquad \alpha = 1, \ldots, N \tag{123}$$

Nach (100) ist $\det (a_{mo\ldots 0}^{\alpha\beta}) \neq 0$, so daß das System (123) nach den $g_\alpha^{(m)}(z_1)$ auflösbar ist. Indem man

$$g_\beta' = h_{\beta 1},\ h_{\beta 1}' = h_{\beta 2}, \ldots, h_{\beta m-2}' = h_{\beta m-1} \tag{124}$$

setzt für $\beta = 1, \ldots, N$ [das Zeichen (') bedeutet hier ausnahmsweise die Ableitung nach z_1], erhält man in (124) zusammen mit dem nach den $g_\beta^{(m)}(z_1)$ aufgelösten System (123) ein explizites System gewöhnlicher Differentialgleichungen erster Ordnung, welches Nm linear unabhängige Lösungen besitzt, das heißt, es gibt ein System von Lösungen $g_{\beta\alpha}(z_1)$, $\alpha = 1, \ldots, Nm$, von (123) mit:

$$\det \begin{pmatrix} g_{11} & g_{12} & \ldots & \ldots & g_{1\,Nm} \\ g'_{11} & g'_{12} & \ldots & \ldots & g'_{1\,Nm} \\ \cdot\cdot & \cdot\cdot & & & \cdot\cdot \\ g_{11}^{(m-1)} & g_{12}^{(m-1)} & \ldots & \ldots & g_{1\,Nm}^{(m-1)} \\ g_{21} & g_{22} & \ldots & \ldots & g_{2\,Nm} \\ \cdot\cdot & \cdot\cdot & & & \cdot\cdot \\ g_{N1}^{(m-1)} & g_{N2}^{(m-1)} & \ldots & \ldots & g_{N\,Nm}^{(m-1)} \end{pmatrix} \neq 0 \tag{125}$$

Die Anwendung des Operators (119) auf ein $f(z)$ der Form (122) ergibt eine gewöhnliche Differentialgleichung $(m-1)$-ter Ordnung für N gesuchte Funktionen:

$$\sum_{i_1=0}^{m-1} \sum_{|j|=\mu-i_1} (\tilde{B}_i^\beta - B_i^\beta)\, \sigma_2^{i_2} \ldots \sigma_n^{i_n}\, g_\beta^{(i_1)}(z_1) = 0 \tag{126}$$

Setzt man in (126) speziell die Nm Lösungen $g_{\beta\alpha}(z_1)$ von (123) ein – aus $Lf = (0)$ folgt ja $Tf = 0$ – so folgt aus (125), daß sämtliche Koeffizienten von (126) verschwinden müssen. Da dies für alle Tupel $(\sigma_2, \ldots, \sigma_n)$ gilt, folgt also:

$$\tilde{B}_i^\beta = B_i^\beta$$

für $\beta = 1, \ldots, N$ und alle i mit $|i| = \mu$.
Diese Betrachtung gilt für jedes μ mit $\mu \geqq \operatorname{Max}(0, m-n+1)$.
Die Koeffizienten $\tilde{B}_i$ und B_i stimmen also für alle i überein und damit auch die beiden Funktionen $\tilde{w}(z)$ und $w(z)$, so daß die beiden Darstellungen für $u(z)$ in $P \cap \tilde{P}$ identisch sind. Nach den Überlegungen zu Anfang des Beweises folgt daraus die Eindeutigkeit der Darstellung (97) in einer punktierten Umgebung von y.

6.3 Beispiel

Sei $L = \Delta$ im $\mathbf{R}^2$. Dann ist

$$K(y, z) = \frac{1}{2\pi} \log |y - z|$$

eine Fundamentallösung. Wir setzen $t := (y_2 - z_2) + i(y_1 - z_1)$. Dann ist $|y - z| = |t|$. Mit

$$\frac{\partial}{\partial y_2} = \frac{\partial}{\partial t} + \frac{\partial}{\partial \bar{t}}, \quad \frac{\partial}{\partial y_1} = i\left(\frac{\partial}{\partial t} - \frac{\partial}{\partial \bar{t}}\right)$$

gilt dann für $\mu \geqq 1$:

$$D_{2y}^\mu \log |t| = \frac{1}{2} D_{2y}^\mu (\log t + \log \bar{t}) = \frac{1}{2} (-1)^{\mu-1} (\mu-1)!\, (t^{-\mu} + \bar{t}^{-\mu})$$
$$= (-1)^{\mu-1} (\mu-1)!\, |t|^{-2\mu} \operatorname{Re}(t^\mu)$$

Analog erhält man:

$$D_{2y}^{\mu-1} D_{1y} \log |t| = (-1)^{\mu-1} (\mu-1)!\, |t|^{-2\mu} \operatorname{Im}(t^\mu)$$

Nach Satz 21 läßt sich jede Lösung von $\Delta u = 0$ mit einer isolierten Singularität in y um y in eine »Laurent-Reihe« der Form (97) entwickeln:

$$u(z) = w(z) - \sum_{\mu=0}^{\infty} \sum_{|i|=\mu, i_1<m} B_i D_y^i K(y, z)$$

$$= w(z) - \sum_{\mu=0}^{\infty} (B_{0\mu} D_{2y}^{\mu} \log |y - z| + B_{1\mu} D_{2y}^{\mu-1} D_{1y} \log |y - z|)$$

$$= w(z) - B_{00} \log |y - z| - \sum_{\mu=1}^{\infty} (-1)^{\mu-1} (\mu - 1)! \frac{1}{|t|^{2\mu}} (B_{0\mu} \operatorname{Re}(t^{\mu})$$

$$+ B_{1\mu} \operatorname{Im}(t^{\mu}))$$

Durch diese Darstellung werden alle Lösungen der Laplace-Gleichung mit isolierter Singularität im Punkte y erfaßt.

7. Hebbare Singularitäten

7.1 Klassifikation von Singularitäten

Im folgenden wird die Ordnung einer Singularität einer Lösung u von $Lu = (0)$ definiert. Es wird sich sodann nach einem »Hebbarkeitssatz« zeigen, daß die Charakterisierung der Singularitäten auch an Hand des Verhaltens des »Hauptteils« der Reihenentwicklung (97) vorgenommen werden kann.

Def. 23: Sei L ein System m-ter Ordnung und u eine Lösung von $Lu = (0)$ in $G - (y)$, $y \in G$.

(i) y heißt »Polstelle der Ordnung s_α von u_α«, $\alpha = 1, \ldots, N$, wenn s_α die kleinste nicht negative ganze Zahl ist, so daß für alle i mit $|i| = m - 1$ gilt:

$D^i u_\alpha(x) = 0\,(r^{-s_\alpha})$, $r = |x - y|$, das heißt

$$\overline{\lim_{r \to 0}}\, r^{s_\alpha} |D^i u_\alpha(x)| < \infty \tag{127}$$

(ii) y heißt »wesentliche Singularität« von $u_\alpha(x)$, wenn es zu jeder positiven ganzen Zahl s ein i mit $|i| = m - 1$ gibt, so daß

$$\overline{\lim_{r \to 0}}\, r^{s} |D^i u_\alpha(x)| = \infty$$

ist.

(iii) Als Polstellenordnung der Lösung u definieren wir

$$s = \operatorname*{Max}_{\alpha=1,\ldots,N} (s_\alpha),$$

s_α = Polstellenordnung von u_α in y.

Auf Grund dieser Charakterisierung hat, wie aus (90) folgt, eine Fundamentallösung eines elliptischen, homogenen Systems vom Grade m mit konstanten Koeffizienten im Punkte $x = z$ die Polstellenordnung $s = -(m - n - m + 1) = n - 1$. Sie ist unabhängig von der Ordnung des Systems L.

7.2 Ein Hebbarkeitssatz

Satz 24: Sei L ein elliptisches, homogenes System vom Grade m mit konstanten Koeffizienten und u eine Lösung von $Lu = (0)$ in $G - (y), y \in G$, mit einer Polstelle der Ordnung s in y. Dann verschwinden in der Reihenentwicklung (97) die Koeffizienten B_i^β, $\beta = 1, \ldots, N$, für alle i mit

$$|i| \geqq s - n + 2$$

Beweis: Wir gehen zunächst aus von der Reihenentwicklung (92) mit den Koeffizienten

$$A_i^\beta = \frac{1}{i!} \int_{\partial P_3} M_{\alpha\beta}((x-y)^i, u_\alpha(x))\, do_x, \; \beta = 1, \ldots, N \tag{96}$$

Nach Lemma 22 gilt für die Koeffizienten B_i^β der Darstellung (98):

$$\sum_{|i|=\mu} A_i D_y^i K(y, z) = \sum_{|i|=\mu,\, i_1 < m} B_i D_y^i K(y, z) \tag{128}$$

und zwar gilt (128) für alle μ (für $|i| < m$ ist ohnehin $B_i = A_i$).

Nach dem Eindeutigkeitsbeweis von Satz 21 ergibt sich, daß man unabhängig von der Wahl des Polytops P_3 in (96) stets dieselben Koeffizienten B_i in (128) erhält.
Wenn gezeigt wird, daß zu jedem $\varepsilon > 0$ ein Polytop P_3 mit Zentrum y existiert, so daß die Koeffizienten $|A_i^\beta| < \varepsilon$ werden, so folgt aus (128):

$$\left| \sum_{|i|=\mu,\, i_1 < m} B_i^\beta D_y^i K_{\beta\tau}(y, z) \right| < c\, \varepsilon \tag{129}$$

mit einer Konstanten

$$c = \mu N \max_{\beta,\tau = 1, \ldots, N} \sup_{z \in P_1 - \overline{P_2}} |D_y^i K_{\beta\tau}(y, z)| < \infty$$

Da (129) für jedes $\varepsilon > 0$ gilt (die B_i sind ja unabhängig von der Wahl von P_3), folgt:

$$\sum_{|i|=\mu,\, i_1 < m} B_i D_y^i K(y, z) = (0)$$

Wie beim Beweis von Satz 21 folgt daraus:

$$B_i = (0)$$

für alle i mit $|i| = \mu$.
Das gilt für alle μ, für die (129) nachgewiesen werden kann.
Sei

$$d_3 := \max_{x \in \partial P_3} |y - x|$$

Dann bleibt also zu zeigen:

$$\lim_{d_3 \to 0} \left| \int_{\partial P_3} M_{\alpha\beta}((x-y)^i, u_\alpha(x))\, do_x \right| = 0, \; \beta = 1, \ldots, N \tag{130}$$

In (130) ist über α von 1 bis N zu summieren. Wir wollen (130) jedoch für jeden Summanden zeigen, daher sei für das folgende die Summationskonvention außer Kraft gesetzt, und wir schreiben $u(x)$ statt $u_\alpha(x)$.
Nach (10) hat die Bilinearform $M_{\alpha\beta}$ die Form:

$$M_{\alpha\beta}(v, u) = \sum_{|j|+|k| \leq m-1} b_{jk}^{\alpha\beta} D^j v D^k u \tag{131}$$

Nach der Konstruktion in 2.1 hängen die $b_{jk}^{\alpha\beta}(x)$ linear von den Komponenten $v^\lambda(x)$ des Normaleneinheitsvektors auf ∂P_3 ab, sie sind also für $x \in \partial P_3$, unabhängig von der Wahl von P_3, beschränkt. Daher genügt es, statt (130) zu zeigen:

$$\lim_{d_3 \to 0} \left| \int_{\partial P_3} D^j((x-y)^i)\, D^k u(x)\, do_x \right| = 0 \tag{132}$$

für alle i mit $|i| \geqq s-n+2$ und alle j und k mit $|j|+|k| \leqq m-1$.
Aus

$$D_x^j(x-y)^i = j! \binom{i}{j} (x-y)^{i-j}$$

folgt, daß es eine Konstante C_1 gibt, so daß für $x \in \bar{P}_3$ gilt:

$$|D_x^j(x-y)^i| \leqq C_1\, |x-y|^{|i|-|j|} \tag{133}$$

Da y eine Singularität der Ordnung s ist, gilt weiter nach Def. 23:

$$D^l u(x) = 0\,(|x-y|^{-s}) \tag{134}$$

für alle l mit $|l| = m-1$.
Dann gilt folgendes Lemma:

Lemma 25: Aus (134) folgt, daß jede Ableitung $D^k u(x)$ der Ordnung $|k| \leqq m-1$ für $x \in \bar{P}_3$ der folgenden Ungleichung genügt ($r = |x-y|$):

$$|D^k u(x)| \leqq \begin{Bmatrix} C_2 r^{-s+m-1-|k|} & \text{falls } |k| \geqq m-s \\ C_3 r^{-s+m-1-|k|} \log r & \text{falls } |k| \leqq m-s-1 \end{Bmatrix} \tag{135}$$

mit geeigneten Konstanten C_2 und C_3.

Es genügt, den Beweis von (135) für eine Ableitung der Ordnung $|k| = m-2$ von u zu führen; das weitere folgt dann durch Induktion.
O.B.d.A. sei $y = (0)$. Aus (134) folgt, daß es eine Konstante c gibt, so daß für jede Ableitung $D^l u$ der Ordnung $|l| = m-1$ und alle x aus einem beliebigen (festen) Polytop P_3^0 mit $G \supset P_3^0 \supset P_3$ gilt:

$$|D^l u(x)| \leqq c\, |x|^{-s} \tag{136}$$

Daraus folgt dann für $x \in P_3^0$:

$$|\text{grad } D^k u(x)| \leqq c \sqrt{n}\, |x|^{-s} \tag{137}$$

Sei $x \in P_3$, $\eta = \dfrac{x}{|x|}$ der Einheitsvektor in Richtung x, x_0 der auf dem Strahl $t\eta$, $t \in \mathbf{R}^+$, gelegene Punkt von ∂P_3^0, und schließlich sei $\eta(t) := t\eta$, $|x| \leqq t \leqq |x_0|$, die Strecke, die x mit x_0 verbindet. Dann gilt nach (136) und (137) für $s \geqq 2$:

$$|D^k u(x_0) - D^k u(x)| = \left| \int_{|x|}^{|x_0|} \text{grad } D^k u(x)|_{x=\eta(t)}\, \dot{\eta}(t)\, dt \right|$$

$$\leqq \int_{|x|}^{|x_0|} \left| \text{grad } D^k u(x)|_{x=\eta(t)} \right| |\dot{\eta}(t)|\, dt \leqq c\sqrt{n} \int_{|x|}^{|x_0|} |\eta|\, |t\eta|^{-s}\, dt$$

$$= \frac{c\sqrt{n}}{s-1} \left(-|x_0|^{-(s-1)} + |x|^{-(s-1)}\right) \tag{138}$$

Da $D^k u(x_0)$ und $|x_0|^{-1}$ für $x_0 \in \partial P_3^0$ beschränkt sind, etwa durch die Konstante c_1, folgt aus (138) für $x \in P_3$:

$$|D^k u(x)| \leqq c_1 + \frac{\sqrt{n}\, c}{s-1} c_1^{s-1} + \frac{\sqrt{n}\, c}{s-1} |x|^{-(s-1)}$$

$$\leqq \left(\frac{\sqrt{n}\, c}{s-1} + 1\right) c_1^{2(s-1)} |x|^{-(s-1)} =: c_3 |x|^{-(s-1)} \tag{139}$$

Im Fall $s = 1$ erhält man analog die Abschätzung:

$$|D^k u(x)| \leqq c_4 \log |x| \tag{140}$$

mit einer geeigneten Konstanten c_4.

Zurück zum Beweis des Satzes:

Wir nehmen o.B.d.A. an, daß die Polytope P_3 Würfel der Kantenlänge $2\tilde{d}_3$ sind.

Für $x \in \partial P_3$ gilt dann:

$$|x| \geqq \tilde{d}_3 = \frac{1}{\sqrt{n}} d_3 \tag{141}$$

Sei

$$q := |i| - |j| - s + m - 1 - |k|$$

Nach (133) und (135) gilt zunächst für $|k| \geqq m - s$:

$$|D_x^j (x-y)^i D^k u(x)| \leqq C_1 C_2 |x|^q \tag{142}$$

Für $q < 0$ und $x \in \partial P_3$ gilt nach (141):

$$|x|^q \leqq \sqrt{n}^{-q} d_3^q$$

und somit folgt:

$$\left| \int_{\partial P_3} D_x^j (x-y)^i D^k u(x)\, do_x \right| \leqq C_1 C_2 \sqrt{n}^{-q} d_3^q \operatorname{Vol}(\partial P_3)$$

Das Volumen von ∂P_3 ist kleiner als das Volumen $\omega_{n-1} d_3^{n-1}$ der Oberfläche der Kugel vom Radius d_3 um y. Mithin gilt:

$$\left| \int_{\partial P_3} D_x^j (x-y)^i D^k u(x)\, do_x \right| \leqq C_1 C_2 \omega_{n-1} \sqrt{n}^{-q} d_3^{n-1+q} \tag{143}$$

Aus (143) folgt aber, daß

$$\lim_{d_3 \to 0} \left| \int_{\partial P_3} D_x^j (x-y)^i D^k u(x)\, do_x \right| = 0 \tag{144}$$

ist für alle i, für die $n - 1 + q = n - 1 + |i| - |j| - s + m - 1 - |k| \geqq 1$ ist, das heißt, da $|j| + |k| \leqq m - 1$ ist, für alle i mit

$$|i| \geqq s - n + 2.$$

Für $q \geqq 0$, das heißt $|i| \geqq s$, folgt (144) trivialerweise.

Für $|k| \leqq m - s - 1$ gilt analog:

$$\left| \int_{\partial P_3} D_x^j (x-y)^i D^k u(x)\, do_x \right| \leqq C_1 C_2 \omega_{n-1} \sqrt{n}^{-q} d_3^{n-1+q} \log d_3 \tag{145}$$

Aus (145) folgt wiederum (144) für $n - 1 + q \geqq 1$, das heißt für alle i mit $|i| \geqq s - n + 2$. Damit ist der Satz bewiesen.

Als Folgerung ergibt sich unmittelbar folgender »Hebbarkeitssatz«:

Korollar 26: Sei L ein elliptisches, homogenes System vom Grade m mit konstanten Koeffizienten und u eine Lösung von $Lu = (0)$ in $G - (y)$ mit einer Singularität der Ordnung $\leqq n - 2$ in y. Dann ist u in y reell analytisch ergänzbar.

Nach Satz 24 verschwinden in diesem Fall alle Koeffizienten B_i der Reihenentwicklung (97), und nur der reell analytische Anteil $w(z)$ bleibt übrig.
Die Reihenentwicklung in (97) bricht also nach endlich vielen Gliedern ab, wenn y eine Polstelle von u ist. Daher können die Singularitäten auch wie folgt klassifiziert werden:

y heißt reguläre Stelle, Polstelle, oder wesentliche Singularität von u, je nachdem, ob in der Reihenentwicklung (97) keiner, endlich viele oder unendlich viele der Koeffizienten B_i von 0 verschieden sind.

Da Polstellen der Ordnung $\leqq n - 2$ hebbar sind und die Fundamentallösung $K(x, z)$ im Punkt $x = z$ die Polstellenordnung $n - 1$ hat, besitzt sie eine Polstelle der kleinst möglichen Ordnung. Alle weiteren Singularitäten lassen sich nach (97) durch Ableitungen dieser »fundamentalen Singularität« beschreiben.
Als Spezialfall im Fall $n = 2$ ergibt sich der aus der Funktionentheorie bekannte Riemannsche Hebbarkeitssatz:
Ein Fundamentalsystem $K(x, z)$ zum System der Cauchy–Riemannschen Differentialgleichungen

$$\begin{aligned} u_x - v_y &= 0 \\ u_y + v_x &= 0 \end{aligned}$$

hat im Punkt $x = z$ die Polstellenordnung 1. In der Reihenentwicklung (97) verschwinden alle Koeffizienten B_i des Hauptteils, wenn die Polstellenordnung s der betrachteten Lösung $\leqq n - 2$ ist, das heißt nach Def. 23, wenn die Lösung selbst in einer Umgebung der singulären Stelle beschränkt bleibt. Das ist aber gerade die Voraussetzung des Riemannschen Hebbarkeitssatzes.
In Analogie zur Funktionentheorie lassen sich noch zwei weitere Folgerungen ziehen, die wir für einen Operator ($N = 1$) formulieren. Sei L wieder elliptisch und homogen vom Grade m mit konstanten Koeffizienten und u eine Lösung von $Lu = 0$ in $G - (y)$. Dann gilt

Korollar 27: (i) Ist y eine Polstelle von u, so ist u in y chordal stetig.
(ii) Ist die Lösung u in y wesentlich singulär, so kommt sie in jeder Umgebung von y dem Wert ∞ beliebig nahe.

Beweis: Die Aussage (i) folgt aus der Darstellung (90) über die Ableitungen von $K(x, z)$: Liegt im Punkt y ein Pol der Ordnung s vor, so verschwinden in der Reihenentwicklung für u alle Koeffizienten B_i mit $|i| \geqq s - n + 2$. Daher folgt aus (90) und (97), wenn wir die Abkürzung (106) mit B_i statt $(\tilde{B}_i - B_i)$ benutzen (zunächst für n ungerade oder $n > m$):

$$\begin{aligned} u(z) &= w(z) - \sum_{\mu=0}^{s-n+1} r^{m-n-\mu} \psi_\mu(y - z) \\ &= w(z) - r^{m-s-1}(\psi_{s-n-1} + r\psi_{s-n} + \cdots) \end{aligned} \qquad (146)$$

(dabei sei $s \geqq n - 1$ vorausgesetzt, der Fall $s \leqq n - 2$ ist trivial). Da die ψ_μ alle homogen vom Grade 0 sind, folgt aus der Darstellung (146) die chordale Stetigkeit von u im Punkte y. Im Fall n gerade und $n \leqq m$ verläuft der Beweis analog.
Die Aussage (ii) läßt sich genauso beweisen wie der entsprechende Teil des Satzes von CASORATI–WEIERSTRASS in der Funktionentheorie: Die Negation der Aussage (ii) würde bedeuten, daß es eine Umgebung von y gibt, in der $u(z)$ beschränkt ist. Dann ist aber die Singularität hebbar, und es kann keine wesentliche Singularität in y vorliegen.
Die volle Aussage des Satzes von CASORATI–WEIERSTRASS ist nicht ohne weiteres übertragbar, jedenfalls nicht der Beweis aus der Funktionentheorie, denn die »Moduleigenschaft« der meromorphen Funktionen steht allgemein bei Lösungen partieller Differentialgleichungen nicht mehr zur Verfügung.

8. Operatoren mit komplexen Koeffizienten

Im folgenden sollen als Spezialfall der Reihenentwicklungen für Lösungen von Systemen solche für Lösungen von Operatoren mit komplexen Koeffizienten hergleitet werden. Dem komplexen Operator wird ein reelles System zugeordnet (die Elliptizitätsdefinitionen für komplexe Operatoren und die zugeordneten Systeme sind verträglich). Die Reihenentwicklungen gelten wieder für homogene Systeme mit konstanten Koeffizienten.
Wie definieren zunächst die Elliptizität eines Operators mit komplexen Koeffizienten (vgl. BERS–JOHN–SCHECHTER, p. 143).

Def. 28: Der Operator

$$L = \sum_{|j| \leq m} a_j(x)\, D^j$$

mit komplexen Koeffizienten $a_j(x)$ heißt elliptisch in G, wenn der Absolutbetrag der charakteristischen Form von L positiv definit ist in G, das heißt, wenn

$$|Q(x, \xi)| = |\sum_{|j| = m} a_j(x)\, \xi^j| > 0 \tag{147}$$

ist für alle $x \in G$ und alle $\xi \in \mathbf{R}^n - (0)$.

Anmerkung: Nach dieser Definition können auch Operatoren ungerader Ordnung elliptisch sein, zum Beispiel der »Cauchy–Riemann«-Operator

$$\frac{\partial}{\partial \bar{z}} = \frac{1}{2}\left(\frac{\partial}{\partial x} + i\,\frac{\partial}{\partial y}\right)$$

ist nach Def. 28 elliptisch.
Für Existenzsätze zum Randwertproblem bringt diese Definition daher einige Schwierigkeiten mit sich. Solche werden deshalb für sogenannte »eigentlich elliptische« Operatoren geführt. In Dimensionen $n > 2$ stimmen jedoch die eigentliche Elliptizität und die oben definierte überein. Nur für $n = 2$ ist die obige Definition allgemeiner (vgl. BERS–JOHN–SCHECHTER, p. 144).

Sei $\tilde{L}$ ein elliptischer Operator mit komplexen Koeffizienten. Wir spalten $\tilde{L}$ in Real- und Imaginärteil auf.
Mit

$$a_j(x) = a_j^{11}(x) + i a_j^{12}(x)$$

und

$$L_{\alpha\beta} = \sum_{|j| \leq m} a_j^{\alpha\beta} D^j, \quad \alpha = 1, \ \beta = 1, 2$$

gilt:

$$\tilde{L} = L_{11} + i L_{12} \tag{148}$$

Die Differentialgleichung

$$\tilde{L}\tilde{u} = 0$$

für komplexe Lösungen $\tilde{u} = u_1 + i u_2$ geht über in das System

$$L u := \begin{pmatrix} L_{11} & -L_{12} \\ L_{12} & L_{11} \end{pmatrix} \begin{pmatrix} u_1 \\ u_2 \end{pmatrix} = (0) \tag{149}$$

Für die zu (149) gehörige charakteristische Matrix gilt:

$$\det Q(x, \xi) = (\sum_{|j| = m} a_j^{11}(x)\, \xi^j)^2 + (\sum_{|j| = m} a_j^{12}(x)\, \xi^j)^2 = |\sum_{|j| = m} a_j(x)\, \xi^j|^2$$

Ist L elliptisch im Sinne von Def. 28, so ist also das zugehörige System (149) elliptisch im Sinne von Def. 6 in 3.1, so daß die gewonnenen Sätze über elliptische Systeme gültig sind.
Die Inverse der zu (149) gehörigen charakteristischen Matrix hat die Gestalt:

$$Q(\xi)^{-1} = \frac{1}{\det Q(\xi)} \begin{pmatrix} \sum a_j^{11} \xi^j & \sum a_j^{12} \xi^j \\ -\sum a_j^{12} \xi^j & \sum a_j^{11} \xi^j \end{pmatrix} \tag{150}$$

(in den Summen ist jeweils über $|j| = m$ zu summieren).
Aus (80) und (150) folgt, daß zu $L^{*\prime}$ ein Fundamentalsystem mit der Symmetrieeigenschaft von (150) existiert:

$$K(x, z) := \begin{pmatrix} K_{11}(x, z) & K_{12}(x, z) \\ -K_{12}(x, z) & K_{11}(x, z) \end{pmatrix} \tag{151}$$

Ist u eine Lösung von (149) in $G - (y)$, so besitzt u nach Satz 21 in einer Polytopumgebung von y folgende Darstellung:

$$u(z) = w(z) - \sum_{\mu = 0}^{\infty} \sum_{|j| = \mu, j_1 < m} B_j D_y^j K(y, z) \tag{152}$$

mit Konstanten $B_j = (B_j^1, B_j^2)$ und einer analytischen Funktion $w(z)$ mit Komponenten $w_1(z)$ und $w_2(z)$. Setzt man nun

$$\begin{aligned} \tilde{K}(x, z) &:= K_{11}(x, z) + i K_{12}(x, z) \\ \tilde{B}_j &:= B_j^1 + i B_j^2 \\ \tilde{w}(z) &:= w_1(z) + i w_2(z) \end{aligned} \tag{153}$$

so erhält man auf Grund von (151) und (152) für die Lösungen $\tilde{u} = u_1 + iu_2$ der komplexen Differentialgleichung $\tilde{L}\tilde{u} = 0$ in einer Polytopumgebung der isolierten Singularität y eine Darstellung in der komplexen Form:

$$\tilde{u}(z) = \tilde{w}(z) - \sum_{\mu=0}^{\infty} \sum_{|j|=\mu, j_1<m} \tilde{B}_j D_y^j \tilde{K}(y, z) \tag{154}$$

In 6.3 ist als Beispiel für die Reihenentwicklungen eine Entwicklung für die Lösungen der Laplace-Gleichung im $\mathbf{R}^2$ in der Umgebung einer isolierten Singularität angegeben. Für die komplexen Lösungen mit einer isolierten Singularität in y gilt mit den gleichen Bezeichnungen wie in 6.3 [es sei wieder $t := (y_2 - z_2) + i(y_1 - z_1)$]:

$$u(z) = w(z) + B_{00} \log|t| - \sum_{\mu=1}^{\infty} (-1)^{\mu-1} (\mu - 1)! \frac{1}{|t|^{2\mu}} (B_{0\mu} \operatorname{Re}(t^\mu) + B_{1\mu} \operatorname{Im}(t^\mu)) \tag{155}$$

mit komplexen Koeffizienten $B_{\nu\mu} = B^1_{\nu\mu} + iB^2_{\nu\mu}$

und einer analytischen Funktion $w(z) = w_1(z) + iw_2(z)$.

Setzt man nun

$$\begin{aligned} c^1_\mu &:= (B^1_{0\mu} - B^2_{1\mu}) & c^2_\mu &:= (B^1_{1\mu} + B^2_{0\mu}) \\ d^1_\mu &:= (B^1_{0\mu} + B^2_{1\mu}) & d^2_\mu &:= (B^1_{1\mu} - B^2_{0\mu}) \end{aligned}$$

$$\begin{aligned} c_\mu &:= \frac{1}{2} (-1)^{\mu-1} (\mu - 1)! \, (c^1_\mu + ic^2_\mu) \\ d_\mu &:= \frac{1}{2} (-1)^{\mu-1} (\mu - 1)! \, (d^1_\mu + id^2_\mu) \end{aligned} \tag{156}$$

so gilt:

$$\sum_{\mu=1}^{\infty} (-1)^{\mu-1} (\mu - 1)! \frac{1}{|t|^{2\mu}} (B_{0\mu} \operatorname{Re}(t^\mu) + B_{1\mu} \operatorname{Im}(t^\mu)) = \sum_{\mu=1}^{\infty} c_\mu t^{-\mu} + \sum_{\mu=1}^{\infty} d_\mu \bar{t}^{-\mu} \tag{157}$$

Die Koeffizienten c_μ und d_μ sind eindeutig bestimmt durch die ursprünglichen Koeffizienten $B_{\nu\mu}$, die ihrerseits wiederum bei vorgegebener Lösung $u(z)$ nach dem Eindeutigkeitsbeweis eindeutig bestimmt sind.

Der analytische Anteil $w(z)$ ist eine reguläre Lösung von $\Delta u = 0$ in einer vollen Umgebung von y und daher nach bekannten Sätzen aus der Funktionentheorie in einer solchen Umgebung darstellbar in der Form

$$w(z) = f(t) + g(\bar{t}) \tag{158}$$

mit einer holomorphen Funktion $f(t)$ und einer antiholomorphen Funktion $g(\bar{t})$, die bis auf eine Konstante eindeutig bestimmt sind, und die Summe der in f und g auftretenden Konstanten ist ebenfalls eindeutig bestimmt.

Nach (155), (157) und (158) läßt $u(z)$ sich also in einer Umgebung von y in komplexer Schreibweise darstellen in der Form:

$$u(z) = l_1(t) + l_2(\bar{t}) + B_{00} \log|t| \tag{159}$$

mit (bis auf eine Konstante) eindeutig bestimmten Laurent-Reihen $l_1(t)$ und $l_2(\bar{t})$ in t bzw. $\bar{t}$ und einer eindeutig bestimmten komplexen Konstanten B_{00}. Die Summe der in l_1 und l_2 auftretenden Konstanten ist ebenfalls eindeutig bestimmt.
Ist $u(z)$ eine reelle Lösung, so ist nach (156) $c_\mu = d_\mu$ und ferner ist $g(\bar{t}) = \overline{f(t)}$, so daß wir für diesen Fall in komplexer Schreibweise die Darstellung

$$u(z) = 2 \operatorname{Re}(l_1(t)) + B_{00}^1 \log |t|$$

erhalten mit einer reellen Konstanten B_{00}^1.

9. Globale Eigenschaften von Lösungen homogener Systeme

Als erste »globale« Eigenschaft der Lösungen homogener Systeme wollen wir eine Verallgemeinerung des aus der Funktionentheorie bekannten Satzes von Liouville beweisen.

Satz 29: Sei L ein elliptisches, homogenes System vom Grade m mit konstanten Koeffizienten und u eine ganze Lösung von $Lu = (0)$ in $\mathbf{R}^n$, die samt ihren Ableitungen bis zur Ordnung $m - 1$ einschließlich beschränkt ist.
Dann ist u eine Konstante.

Wählt man für L speziell das Cauchy-Riemannsche Differentialgleichungssystem, so ergibt sich der Satz von Liouville.

Beweis: Nach Voraussetzung sind die Komponenten u_α von u ganze Funktionen und nach (95a) können sie um $(0) \in \mathbf{R}^n$ in Mehrfachpotenzreihen der Form

$$\begin{aligned} u_\alpha(z) &= \int\limits_{\partial P_1} M_{\tau\beta}\left(\sum_{\mu=0}^{\infty} \sum_{|i|=\mu} \frac{1}{i!} D_y^i K_{\beta\alpha}(x,y)_{y=0} z^i, u_\tau(x)\right) do_x \\ &= \sum_{\mu=0}^{\infty} \sum_{|i|=\mu} \left(\frac{1}{i!} \int\limits_{\partial P_1} M_{\tau\beta}(D_y^i K_{\beta\alpha}(x,y)_{y=0}, u_\tau(x))\, do_x\right) z^i \end{aligned} \tag{160}$$

entwickelt werden. Dabei ist P_1 ein beliebiges Polytop um 0. Zur Abkürzung bezeichnen wir die Koeffizienten der Reihe (160) mit A_i. In der Darstellung dieser Koeffizienten in (160) ist über β und τ von 1 bis N zu summieren. Wir führen die folgenden Betrachtungen für jeden dieser Summanden und für jedes α durch und lassen daher zur Vereinfachung die Indizes weg.
Da L homogen vom Grade m ist, treten in der Darstellung (10) von M nur Terme der Gesamtordnung $m - 1$ auf, wie aus (6) und (7) in 2.2 folgt, so daß für die Koeffizienten A_i in (160) die Darstellung

$$A_i = \frac{1}{i!} \int\limits_{\partial P_1} \sum_{|j|+|k|=m-1} b_{jk}(x)\, D_x^j D_y^i K(x,y)_{y=0}\, D^k u(x)\, do_x \tag{161}$$

gilt. Nach (90) gilt, zunächst für den Fall, daß n ungerade oder $n > m$ ist:

$$D_x^j D_y^i K(x,y)_{y=0} = r^{m-n-|i|-|j|} \varphi_{i+j}(x) \tag{162}$$

wobei $\varphi_{i+j}(x)$ eine homogene Form vom Grade 0 ist, so daß dafür wieder $\varphi_{i+j}(\zeta)$ geschrieben werden kann mit $r = |x|$, $\zeta = \frac{x}{r}$.

Es sei

$$c_i := \operatorname*{Max}_{|j| \leq m-1} \operatorname*{Max}_{|\zeta|=1} |\varphi_{i+j}(\zeta)| \tag{163}$$

Die Koeffizienten $b_{jk}(x)$ in (161) sind unabhängig von der Wahl von P_1 beschränkt [vgl. die Begründung zu (132)], sei also etwa

$$\operatorname*{Max}_{|j|, |k| \leq m-1} \operatorname*{Max}_{x \in \partial P_1} |b_{jk}(x)| \leqq C_1 \tag{164}$$

Nach Voraussetzung sind die Lösung u und ihre Ableitungen bis zur Ordnung $m-1$ beschränkt, es existiert also eine Konstante C_2 mit

$$\operatorname*{Max}_{|k| \leq m-1} \sup_{x \in \mathbf{R}^n} |D^k u(x)| \leqq C_2 \tag{165}$$

Das Polytop P_1 spezialisieren wir zu einem Würfel mit dem Durchmesser $2\,d_1$. Bezeichnet schließlich noch

$$q := \binom{2\,n - 2 + m}{2\,n - 1}$$

die Anzahl der Summanden in (161), so ergibt sich folgende Abschätzung:

$$\begin{aligned} |A_i| &\leqq \frac{1}{i!} \int_{\partial P_1} \sum_{|j|+|k|=m-1} |b_{jk}(x)|\, |D_x^j D_y^i K(x,y)_{y=0} D^k u(x)|\, do_x \\ &\leqq \frac{1}{i!}\, q\, C_1 C_2 c_i d_1^{m-n-|i|-|j|} \operatorname{Vol}(\partial P_1) \\ &\leqq \frac{1}{i!}\, q\, C_1 C_2 c_i \omega_{n-1}\, d_1^{m-n-|i|-|j|+n-1} \end{aligned} \tag{166}$$

Bei Grenzübergang $d_1 \to \infty$ folgt aus (166), daß alle A_i verschwinden müssen, für die $m - n - |i| - |j| + n - 1 \leqq -1$ ist, das heißt, es folgt insbesondere $A_i = 0$ für alle i mit $|i| \geqq m$. Dann ist aber u ein Polynom höchstens vom Grade $m - 1$. Da u beschränkt ist in ganz $\mathbf{R}^n$, muß u eine Konstante sein.
Wenn n gerade und $n \leqq m$ ist, so gilt nach (90b):

$$D_x^j D_y^i K(x,y)_{y=0} = r^{m-n-|i|-|j|}\, \bar{\varphi}_{i+j}(x) + q_{i+j}(x) \log r \tag{167}$$

wobei $\bar{\varphi}_{i+j}(x)$ wieder homogen vom Grade 0 ist und $q_{i+j}(x)$ ein homogenes Polynom vom Grade $m - n - |i| - |j|$ bzw. identisch 0 ist. Der erste Term von (167) liefert zur Abschätzung von A_i einen Beitrag analog zu (166), der zweite Term liefert zur Abschätzung der Koeffizienten A_i mit $|i| \geqq m$ gar keinen Beitrag, da das Polynom $q_{i+j}(x)$ für $|i| + |j| > m - n$ identisch verschwindet, so daß auch in diesem Fall der Satz richtig ist.
In Analogie zur Funktionentheorie läßt sich weiter noch der folgende Satz beweisen:

Satz 30: Sei L elliptisch und homogen vom Grade m mit konstanten Koeffizienten, und u sei eine Lösung von $Lu = (0)$ in G, die in G samt ihren Ableitungen bis zur Ordnung $m - 1$ beschränkt ist, etwa durch die Konstante C_2.

Dann ist auch jede Ableitung $D^i u$ der Ordnung $|i| \geqq m$ in jedem Kompaktum $G^* \subset G$ beschränkt durch eine Konstante, die von G^* und C_2, nicht aber von dem speziellen u abhängt.

Beweis: Sei ε der Randabstand von G^* in G. Sei weiter $y \in G^*$ und P_1 ein Würfel um y mit Durchmesser $2\,d_1$, $d_1 < \varepsilon$. Die Ableitung $D^i u$ an der Stelle y ist (bis auf den Faktor $i!$) gleich dem Koeffizienten A_i der Reihenentwicklung von u um y. Die Abschätzung (166) läßt sich somit übertragen und ergibt bei Grenzübergang $d_1 \to \varepsilon$:

$$|D_x^i u(x)_{x=y}| \leqq q C_1 C_2 c_i \omega_{n-1} \varepsilon^{m-|i|-1} \tag{168}$$

Die Schranke in (168) ist unabhängig von der speziellen Lösung u. Sie ist im einzelnen abhängig von C_2 und G^* und einigen für das System L charakteristischen Konstanten.

Literaturverzeichnis

Bers, John und Schechter, Partial Differential Equations. Interscience Publishers, New York–London 1964.

Courant und Hilbert, Methods of Mathematical Physics, Vol. II. Interscience Publishers, 1962.

Garabedian, Partial Differential Equations. John Wiley, New York–London 1964.

Hellwig, Partielle Differentialgleichungen. Teubner, Stuttgart 1960.

Hörmander, Linear Partial Differential Operators. Springer-Verlag, 1963.

John, The Fundamental Solution of Linear Elliptic Differential Equations with Analytic Coefficients. Comm. Pure Appl. Math. III, 1950, p. 273–304.

Rosenbloom, The Majorant Method. Proceedings of Symposia in Pure Mathematics, Vol. IV: Partial Differential Equations, 1961.

Wachman, Generalized Laurent Series for Singular Solutions of Elliptic Partial Differential Equations. Proc. Amer. Math. Soc. 15, 1964, p. 101–108.

Forschungsberichte des Landes Nordrhein-Westfalen

Herausgegeben im Auftrage des Ministerpräsidenten Heinz Kühn
von Staatssekretär Professor Dr. h. c. Dr. E. h. Leo Brandt

Sachgruppenverzeichnis

Acetylen · Schweißtechnik
Acetylene · Welding gracitice
Acétylène · Technique du soudage
Acetileno · Técnica de la soldadura
Ацетилен и техника сварки

Arbeitswissenschaft
Labor science
Science du travail
Trabajo científico
Вопросы трудового процесса

Bau · Steine · Erden
Constructure · Construction material · Soil research
Construction · Matériaux de construction · Recherche souterraine
La construcción · Materiales de construcción · Reconocimiento del suelo
Строительство и строительные материалы

Bergbau
Mining
Exploitation des mines
Minería
Горное дело

Biologie
Biology
Biologie
Biologia
Биология

Chemie
Chemistry
Chimie
Quimica
Химия

Druck · Farbe · Papier · Photographie
Printing · Color · Paper · Photography
Imprimerie · Couleur · Papier · Photographie
Artes gráficas · Color · Papel · Fotografía
Типография · Краски · Бумага · Фотография

Eisenverarbeitende Industrie
Metal working industry
Industrie du fer
Industria del hierro
Металлообработывающая промышленность

Elektrotechnik · Optik
Electrotechnology · Optics
Electrotechnique · Optique
Electrotécnica · Optica
Электротехника и оптика

Energiewirtschaft
Power economy
Energie
Energía
Энергетическое хозяиство

Fahrzeugbau · Gasmotoren
Vehicle construction · Engines
Construction de véhicules · Moteurs
Construcción de vehículos · Motores
Производство транспортных · Средств

Fertigung
Fabrication
Fabrication
Fabricación
Производство

Funktechnik · Astronomie
Radio engineering · Astronomy
Radiotechnique · Astronomie
Radiotécnica · Astronomía
Радиотехника и астрономия

MIX
Papier aus verantwortungsvollen Quellen
Paper from responsible sources
FSC® C105338

If you have any concerns about our products,
you can contact us on
ProductSafety@springernature.com

In case Publisher is established outside the EU,
the EU authorized representative is:
Springer Nature Customer Service Center GmbH
Europaplatz 3, 69115 Heidelberg, Germany

Printed by Libri Plureos GmbH
in Hamburg, Germany